FRAUEN IN DER LUFT

TIME LIFE BÜCHER

VÖLKER DER WILDNIS
DIE GESCHICHTE DER LUFTFAHRT
DIE SEEFAHRER
DER ZWEITE WELTKRIEG
DIE KUNST DES KOCHENS
DER WILDE WESTEN
HANDBUCH DER GARTENKUNDE
MENSCHLICHES VERHALTEN
DIE GROSSEN STÄDTE
DIE HOHE SCHULE DER HANDARBEIT
DIE WILDNISSE DER WELT
DIE FRÜHZEIT DES MENSCHEN
DIE PHOTOGRAPHIE
DIE WELT DER KUNST
INTERNATIONALE SPEISEKARTE
ZEITALTER DER MENSCHHEIT
WUNDER DER WISSENSCHAFT
WUNDER DER NATUR
JUGENDBÜCHER
DAS GROSSE BUCH DES YACHTSPORTS
DAS GROSSE BUCH DER PHOTOGRAPHIE
LIFE IM KRIEG
LIFE IM KINO
DIE BESTEN PHOTOS AUS LIFE

FRAUEN IN DER LUFT

von Valerie Moolman

UND DER REDAKTION DER TIME-LIFE BÜCHER

TIME-LIFE BÜCHER, AMSTERDAM

DIE GESCHICHTE DER LUFTFAHRT

Redaktionsstab des Bandes
Frauen in der Luft:
Redakteur: Jim Hicks
Designer: Donald S. Komai
Leiter der Dokumentation: Lois Gilman
Bildredakteur: Carol F. Mickey
Textredakteure: Richard W. Murphy, Russell B. Adams Jr., David S. Thomson
Vertragsautoren: Thomas A. Lewis, Glenn Martin McNatt, William Worsley
Dokumentation: Sara Mark und Carol Enquist Beall (leitend), Feroline Burrage
Assistent des Designers: Van W. Carney
Redaktionsassistent: Stafford L. Battle
Design-Assistentin: Anne K. DuVivier
Besondere Mitarbeiter: Jim Delay (Text), Karen Kinney (Dokumentation)

Leitung der deutschen Redaktion:
Hans-Heinrich Wellmann
Textredaktion: Klaus Habedank

Fachberater für die deutsche Ausgabe:
Dr. Albrecht Lampe

Aus dem Englischen übertragen von Wulf Bergner

Korrespondenten: Elisabeth Kraemer (Bonn); Margot Hapgood, Dorothy Bacon, Lesly Coleman (London); Susan Jonas, Lucy T. Voulgaris (New York); Maria Vincenza Aloisi, Josephine du Brusle (Paris); Ann Natanson (Rom). Wertvolle Hilfe leisteten außerdem: Nakanori Tashiro, Asia Editor, Tokio. Die Herausgeber danken ferner: Mehmet Ali Kislali (Ankara); Helga Kohl (Bonn); Enid Farmer (Boston); Beth Coconougher (Fort Lauderdale); Judy Aspinall, Karin B. Pearce (London); Cheryl Crooks (Los Angeles); John Dunn (Melbourne); Felix Rosenthal (Moskau); Carolyn T. Chubet, Miriam Hsia, Christina Lieberman, Gretchen Wessels (New York); M. T. Hirschkoff (Paris); Mimi Murphy (Rom); Janet Zich (San Francisco); Peter Allen (Sydney); Don Shapiro (Taipeh); Akio Fujii, Shinkichi Natori, Kazuo Ohyauchi (Tokio).

ISBN 9-06-182-591-1

DIE AUTORIN
Valerie Moolman, eine in New York lebende Schriftstellerin, hat zahlreiche Bücher und Dokumentarfilm-Drehbücher geschrieben. Die frühere Redakteurin von Time-Life Books hat für diese Serie auch *Der Weg nach Kitty Hawk* verfaßt.

DIE BERATERIN für Frauen in der Luft
Claudia M. Oakes wurde 1975 zum Assistant Curator of Aeronautics des National Air and Space Museum, Washington, ernannt. Sie ist Autorin des Buches *United States Women in Aviation through World War I.*

DIE BERATER für Die Geschichte der Luftfahrt
Charles Harvard Gibbs-Smith, Research Fellow des Science Museum in London und emeritierter Kustos des Victoria and Albert Museum in London, hat rund 20 Bücher geschrieben und herausgegeben, die sich mit der Geschichte der Luftfahrt befassen. 1978 wurde er zum ersten Lindbergh-Professor für Geschichte der Luft- und Raumfahrt am National Air and Space Museum in Washington ernannt.

Dr. Hidemasa Kimura, Ehrenprofessor der Nippon-Universität in Tokio, ist Verfasser zahlreicher Bücher über Luftfahrtgeschichte und hat einen weit über die Grenzen seines Landes hinausgehenden Ruf als Autorität auf dem Gebiet der Luftfahrttechnik und Flugzeugkonstruktion erlangt. Ein von ihm entworfenes Flugzeug stellte 1938 einen Weltkrekord im Streckenflug auf.

VORSATZBLATT
Eine strahlende Amelia Earhart winkt im Jahre 1935 jubelnden Verehrern auf dem städtischen Flughafen von Oakland zu, nachdem ihr der erste Alleinflug von Hawaii zum amerikanischen Festland gelungen ist. Als die wohl fähigste aller Pilotinnen der Anfangsjahre der Fliegerei erlebte sie oft begeisterte Empfänge wie diesen, den der bekannte Maler Paul Lengellé auf einer eigens in Auftrag gegebenen Gouache festgehalten hat.

INHALT

1	**Die erste Hürde: Können Frauen fliegen?**	**9**
2	**Der Nordatlantik als Herausforderung**	**43**
3	**Weiter, schneller, höher!**	**75**
4	**Die Frau, die „nur noch einen guten Flug" wollte**	**109**
5	**Frauen im Krieg**	**135**
	Danksagungen	172
	Bibliographie	172
	Quellennachweis der Abbildungen	173
	Register	174

Hut ab vor den Damen

Kaum waren die ersten unerschrockenen Flieger sicher zur Erde zurückgekehrt, als auch Frauen den Drang zum Fliegen zu spüren schienen. Aus bloßen Zuschauerinnen wurden bereitwillige Fluggäste und später selbständige Pilotinnen, die geschickt und mutig den Gefahren in der Luft und den Vorbehalten ihrer Fliegerkameraden trotzten. Dadurch erweiterten sie die bisherigen Grenzen ihrer weiblichen Welt, sicherten ihrem Geschlecht ein neues Bewußtsein von Können und Leistungsfähigkeit und trugen zur Weiterentwicklung der Luftfahrt bei.

Aber die Anerkennung ihrer Fähigkeiten fiel ihnen nicht in den Schoß. „Männer trauen uns nichts zu", stellte die berühmte Pilotin Amelia Earhart einmal einer Freundin gegenüber fest. „Weil wir Frauen sind, gesteht man uns selten zu, daß wir eine Aufgabe gut erfüllen können." Tatsächlich waren die alten Auffassungen nur schwer zu überwinden: Als Charles Lindbergh im Jahre 1938 mit seiner Frau Anne – selbst eine Pilotin und eine beredte Verfechterin der Luftfahrt – die Sowjetunion besuchte, staunte er darüber, daß in der sowjetischen Luftwaffe Männer und Frauen flogen. „Ich kann mir nicht vorstellen, wie das besonders gut funktionieren soll", vertraute er später seinem Tagebuch an. „Schließlich gibt es einen gottgeschaffenen Unterschied zwischen Männern und Frauen, den nicht einmal die Sowjetunion ausmerzen kann."

Diese konservative Haltung erschwerte es Frauen, das Geld für das moderne Fluggerät aufzubringen, das sie brauchten, um unter gleichen Voraussetzungen mit Männern konkurrieren zu können. Trotzdem maßen sie sich mit ihnen – und triumphierten oft trotz ihrer viel ungünstigeren Ausgangsposition.

Ruth Law *(links)*, die 1916 mit ihrem 950-km-Flug von Chicago nach Hornell, New York, einen neuen Streckenrekord aufstellte, verkörperte beispielhaft die Findigkeit und das Durchsetzungsvermögen, das jede Frau besitzen mußte, die damals fliegen wollte. Als sie nach ihrem historischen Flug vor dem Aero Club of America sprach, waren ihre einfachen Worte Ausdruck einer allgemeingültigen menschlichen Motivation, die für Frauen wie Männer zutraf: „Ich habe meinen Flug nicht in Erwartung einer Belohnung unternommen", erklärte sie, „sondern nur aus Freude daran, etwas zustande zu bringen."

Mützenschwenkende Soldaten begrüßen am 20. November 1916 Ruth Law nach ihrem Langstreckenflug, mit dem sie einen neuen Rekord aufstellte, auf Governors Island in New York.

1

Die erste Hürde: Können Frauen fliegen?

Harriet Quimby (rechts) und Matilde Moisant, die beiden ersten Amerikanerinnen mit Pilotenschein, wirken auf diesem Photo wie die vollkommene Verkörperung modebewußter Weiblichkeit. Kurz zuvor, im Jahre 1911, hatten sie ihre Ausbildung an einer Fliegerschule, die Matilde Moisants Bruder gehörte, erfolgreich beendet.

An einem heiteren Junitag des Jahres 1784 in Lyon kletterte Elisabeth Thible, die ein mit Spitzen besetztes Kleid und einen Federhut trug, in den Korb eines von dem Maler Fleurant geführten Heißluftballons, der sich mit ihr 1500 Meter hoch über die französische Hügellandschaft erhob. Sie war so von dem Flug begeistert, daß sie anfing, ein Lied zu singen.

Die Ballonfahrt steckte noch in den Kinderschuhen – der erste bemannte Aufstieg hatte Paris vor kaum sieben Monaten in Erstaunen versetzt –, und Madame Thible war die erste Frau, die über der Erde schwebte. Diese erste Fahrt sollte auch ihre einzige bleiben, aber andere Frauen folgten bald ihrem Beispiel – zunächst als Mitfahrerinnen, später als Ballonfahrerinnen von Beruf, die von der Schaustellerei lebten.

Die Einstellung der Öffentlichkeit diesen weiblichen Luftfahrtpionieren gegenüber war seltsam zwiespältig. Einerseits wurden sie bestaunt, andererseits begegnete man ihnen mit gemischten Gefühlen, weil sie sich anmaßten, Abenteuer zu bestehen, die von Rechts wegen nur Männern zustanden. Diese zwiespältige Haltung blieb für das ganze 19. Jahrhundert bestimmend, ja sogar noch bis weit ins Zeitalter der motorisierten Luftfahrt hinein. Fliegerinnen waren interessant, phantasiebegabt und wagemutig, doch am Himmel gab es keinen Platz für sie.

Noch im Jahre 1911 – über eineinviertel Jahrhunderte nach Madame Thibles Ballonfahrt – machte sich die Zeitung *The Detroit Free Press* Gedanken über die Frage „Sollen Frauen fliegen?". Im *American-Examiner* beantwortete der bekannte englische Flieger Claude Grahame-White diese Frage mit einem kategorischen Nein. Frauen, sagte er, seien wegen ihrer Neigung, in Panik zu geraten, „vom Temperament her fürs Fliegen ungeeignet". Er habe schon viele Frauen ausgebildet, fügte Grahame-White hinzu, aber er bedaure es nachträglich: „Wenn meinen Flugschülerinnen ein Unglück zustößt, was früher oder später, wie ich fürchte, eintreten wird, so werde ich mich in gewisser Weise für ihr plötzliches Hinscheiden verantwortlich fühlen."

Weniger parteiische Beobachter debattierten in angesehenen Luftfahrtzeitschriften wie der *Revue Aérienne* in Frankreich und *Flying* in den Vereinigten Staaten unermüdlich über den Platz der Frauen am Himmel. In Wirklichkeit war diese Diskussion in mancher Beziehung überflüssig, denn Frauen hatten nicht nur fast von Anfang an Ballonfahrten gemacht, sondern auch schöpferische Beiträge zur Weiterentwicklung der Luftfahrt geleistet. Sie hatten von Ballonen aus Fallschirmabsprünge gewagt, waren zu wissenschaftlichen Beobachtungen aufgestiegen und hatten riskante Höhenfahrten unternommen. Nach der Erfindung des Motorfluges taten sie sogar noch viel mehr: Sie testeten bei dem Bemühen, sich ihre Existenzberechtigung in der Fliegerei zu sichern, die Grenzen mechanischer und menschlicher Leistungsfähigkeit. „Von Zeit zu Zeit", sagte die berühmte Langstreckenfliegerin Amelia Earhart, „sollten Frauen all das tun, was Männer bereits getan haben – und gelegentlich etwas, das Männer noch nicht getan haben –, um sich als Persönlichkeiten zu bestätigen und vielleicht andere Frauen zu größerer Unabhängigkeit in Gedanken und Taten zu ermutigen."

Im Laufe der Jahre gelang es Frauen schließlich, Langstrecken- und Höhenrekorde zu brechen, als Testpiloten zu fliegen, neue Flugstrecken zu erkunden, sich bei Dauer- und Geschwindigkeitswettbewerben erfolgreich mit Männern zu messen und sogar häufig auch Männern Flugunterricht zu geben. Sie riskierten routinemäßig ihr Leben – einige von ihnen verloren es dabei. Und als der Zweite Weltkrieg ausbrach, bewiesen sie auf überzeugende Weise, wie der Generalarzt der amerikanischen Heeresluftstreitkräfte ihnen bestätigte, daß sie „körperlich, geistig und psychisch geeignet" waren, schnelle Militärflugzeuge zu fliegen.

Ihr Weg dahin war niemals leicht. Eine Frau, die fliegen wollte, mußte Männer dazu überreden, sie mitzunehmen, mußte darum bitten, ausgebildet zu werden, und mußte eine fast geschlossene männliche Widerstandsfront überwinden. Frauen fiel es nicht nur schwer, sich eine Ausbildung zu sichern, die der von Männern entsprach, sie erhielten auch nur selten finanzielle Unterstützung oder die Chance, aus dem Fliegen einen Beruf zu machen. Oft mußten sie mit Flugzeugen zurechtkommen, die den von Männern geflogenen Maschinen unterlegen waren. „Ich habe mit Rekorden und Langstreckenflügen angefangen", erinnerte sich Jacqueline Cochran, „weil damals wie heute nur Männer als Testpiloten und mit Verkehrsmaschinen fliegen durften. Deshalb stand ich nur vor der Wahl, weiterhin Leichtflugzeuge zu fliegen, die mich langweilten und Geld kosteten, oder mir ein schnelles, modernes Flugzeug zu verschaffen, mit dem ich auf Rekordjagd gehen konnte. Dabei riskierte ich unter Umständen Kopf und Kragen, aber ich konnte vielleicht davon existieren."

Die meisten Frauen hatten jedoch kaum eine Möglichkeit, sich ein schnelles, modernes Flugzeug zu verschaffen – vor allem deshalb nicht, weil leistungsstarke Maschinen als schwierig für Pilotinnen galten. In einem Interview klagte die Pilotin Elinor Smith im Jahre 1930 darüber, daß die Öffentlichkeit glaube, Frauen könnten „nur Leichtflugzeuge fliegen". Sie fügte hinzu: „Wer mit einem leichten Flugzeug landet, wird überhaupt nicht beachtet. Schwere Flugzeuge sind wirklich nicht schwieriger zu fliegen, dennoch glauben die Leute es."

Aufsehen zu erregen war wichtig, denn Elinor Smith hatte – wie viele andere Pilotinnen – während ihrer gesamten Karriere immer wieder mit finanziellen Schwierigkeiten zu kämpfen. Reklame war ihr Lebensinhalt, und sie machte durch tollkühne Flüge – beispielsweise unter sämtlichen Brücken des East River von Manhattan hindurch – von sich reden. Ihren Kritikern entgegnete sie wahrheitsgemäß, daß sie nicht zu fliegen begonnen habe, um Reklame für sich zu machen, sondern Reklame machen müsse, um weiterhin fliegen zu können.

Andere Pilotinnen arbeiteten für ihren Lebensunterhalt, indem sie Zeitungsartikel schrieben, gelegentlich Vorträge hielten, im Rundfunk sprachen oder für ihre Benzin- oder Ölmarke warben. Viola Gentry, die im Jahre 1928 den ersten Dauerrekord für alleinfliegende Frauen aufstellte, hatte sich das Geld für ihre Ausbildung als Kassiererin in einem Café in Brooklyn verdient. Da das Durchschnittseinkommen von Frauen 1940 bei

Mary Myers, eine der ersten amerikanischen Ballonfahrerinnen, die allein aufstiegen, ist auf dem Umschlag dieser 1883 von ihrem Mann, Carl Myers, herausgegebenen Broschüre im Korb ihres Ballons „Aerial" zwischen zwei Fahnen dargestellt. Als Carlotta die Aeronautin trat sie bei zahlreichen Veranstaltungen auf.

Eine begeisterte Menge hat sich auf dem Rasen vor Mary Myers' Villa in Frankfort, New York, versammelt, um einen Ballonstart mitzuerleben. Carl und Mary Myers betrieben dort eine Ballonfabrik und eine Fliegerschule. Der Wasserstoffballon und das Luftschiff rechts auf dem Rasen stammten aus eigenen Werkstätten.

850 Dollar im Jahr lag und die Ausbildung bis zum Pilotenschein 500 bis 750 Dollar kostete, war es kein Wunder, daß viele Pilotinnen knapp bei Kasse waren – oder daß viele andere aus reichen Familien stammten. Raymonde de Laroche, die erste Frau mit Pilotenschein, gehörte zur besten Gesellschaft Frankreichs. In England galt die Fliegerei in den zwanziger Jahren als Gesellschaftssport und zog Frauen an, die adlig oder reich oder beides waren. In den Vereinigten Staaten hatten einige Pilotinnen, zum Beispiel Ruth Nichols und Laura Ingalls, exklusive Privatschulen besucht.

Aber die meisten Pilotinnen besaßen nichts außer Intelligenz und sehr viel Schneid. Viele von ihnen kamen nicht aus Mädchenpensionaten, sondern vom Land. „Für manche jungen Frauen, die von der großen weiten Welt träumten", erinnerte Elinor Smith sich, „schien es zwei mögliche Wege zu geben, die beide starken romantischen Reiz besaßen. Einer führte nach Hollywood, der andere zu einer Karriere am Himmel. Für mich gab es nur einen Weg: Ich wußte schon als Sechsjährige, daß ich fliegen wollte." Louise Thaden, eine der großen Wettfliegerinnen während der dreißiger Jahre, stammte von einer Farm in Bentonville, Arkansas, und kam über Wichita, Kansas, wo sie in der Verkaufsabteilung einer Kohlenfirma arbeitete, zur Fliegerei. In Wichita trieb sie sich auf dem dortigen Flugplatz herum und träumte von dem Gefühl, „Herrin meines Schicksals zu sein", das ihr ihrer Überzeugung nach nur das Fliegen geben konnte. Evelyn „Bobbi" Trout, die aus der Kleinstadt Greenup, Illinois, stammte und im Jahre 1929 drei Dauerrekorde für Frauen aufstellte, erinnerte sich daran, daß sie von dem Augenblick an, als sie ein Flugzeug über sich hinwegfliegen gesehen hatte, „vom Fliegen berauscht" war.

Eine Konstrukteurin originieller Flugzeuge

Die erste Frau, die ein Flugzeug konstruierte und baute, war keine Pilotin oder Ingenieurin, sondern eine erfinderische Stenotypistin namens E. Lillian Todd. Im Jahre 1906 stellte sie ihr erstes Flugzeug vor: eine seltsame Maschine, die durch ihre eigene Vorwärtsbewegung durch die Luft angetrieben werden sollte. Bedauerlicherweise basierte sie mehr auf Wunschvorstellungen als auf Naturgesetzen; sie flog nie.

Aber Lillian Todd konstruierte weiter und schlug praktische Verbesserungen vor, die später allgemein eingeführt wurden – zum Beispiel zusammenklappbare Tragflächen, die der Transporterleichterung dienten. Obwohl keines ihrer großen Flugzeuge jemals in die Luft kam, lehrte sie zahllose Jugendliche, flugfähige Modelle zu bauen, und gründete den Junior Aero Club of America, in dem Modellbauer die Wunder der Welt des Fliegens erforschten.

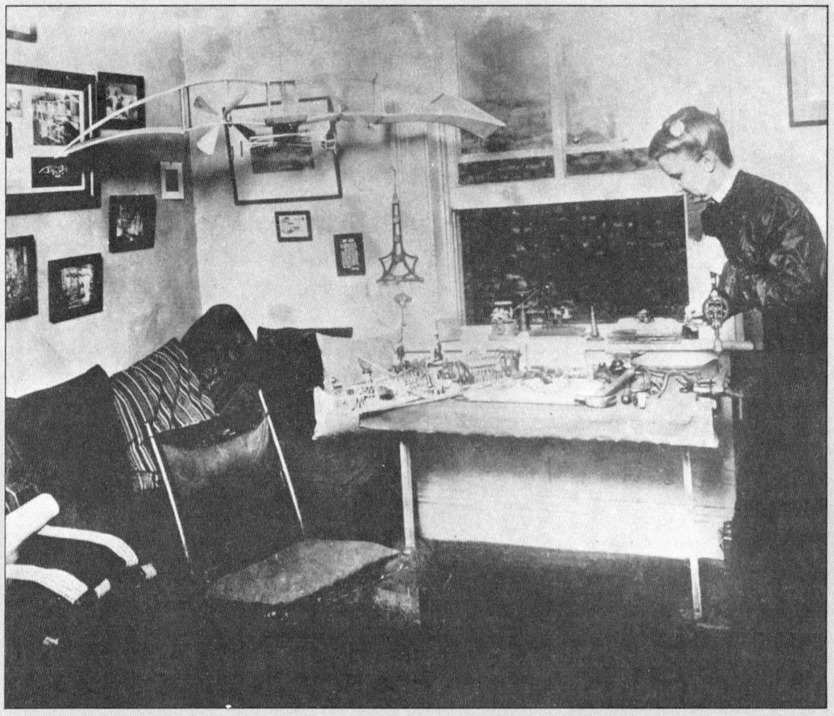

Lillian Todd in ihrem Wohn- und Arbeitszimmer, in dem sich der Junior Aero Club traf.

Auf der Ausstellung der Aeronautical Society in Morris Park, New Jersey, zeigt Miss Todd 1908 ihr Modell eines luftgetriebenen Flugzeugs.

Worum ging es diesen Frauen – außer um die Befreiung von den Konventionen einer zu engen Welt? Einige von ihnen, wie Louise Thaden oder die unerschrockene französische Pilotin Hélène Boucher, sahen eine Möglichkeit, sich in der Luft besser durchzusetzen als auf dem Erdboden. „Das ist der einzige Beruf, in dem Mut sich lohnt und konkrete Ergebnisse auch Erfolg bedeuten“, sagte Hélène Boucher.

Andere Frauen gaben einer fast mystischen Auffassung von ihrem Beruf Ausdruck und empfanden die Wunder und Schönheiten des Fluges auf ganz besondere Weise. Louisa Wise, eine Mitte des 19. Jahrhunderts aktive amerikanische Ballonfahrerin, sprach bewundernd von der „feierlichen Stille“ des unbegrenzten Himmels, der sie an eine hochragende, leere Kathedrale erinnerte. Die Fliegerinnen erlebten diese Stille nicht mehr, aber die Wunder und Geheimnisse blieben. Auf einem ihrer Flüge mit ihrem berühmten Mann war Anne Morrow Lindbergh hingerissen von „dem tiefen Zauber, der dem Fliegen zugrunde liegt“, und verglich ihn mit einem Blick durch „die aufgewühlte Oberfläche des Lebens bis tief hinunter zu der noch unveränderten Welt unter uns“.

Manche Frauen flogen des Nervenkitzels wegen: Das Fliegen, sagte die deutsche Kunstfliegerin Thea Rasche, sei „aufregender als die Liebe zu einem Mann und viel gefahrloser“. Viele Frauen flogen zumindest teilweise deshalb, weil sie sich als Frauen gegen männliche Konkurrenz behaupten wollten. „Frauen sind von Natur aus bessere Piloten als Männer“, verkündete Louise Thaden – eine bei den damaligen Fliegerinnen weitverbreitete Auffassung. Wer gleichberechtigt mit Männern konkurrierte, kämpfte damit auch für die Frauenrechte. Als die Kunstfliegerin Katherine Stinson 1915 als erste Frau mehrere Loopings hintereinander geflogen hatte, gab sie bekannt, daß sie nun „mit den größten Leistungen der männlichen Flieger gleichgezogen“ habe. Sie werde jetzt an den Looping eine gerissene Rolle anschließen und dadurch „die Frau auf dem schwierigsten Fachgebiet vor dem Mann in Führung bringen“. Ihre Kunstflugfigur erwies sich als großer Publikumserfolg. Der von Ruth Law im Jahre 1916 unternommene erfolgreiche Versuch, einen neuen Streckenrekord ohne Zwischenlandung aufzustellen, fand absichtlich auf der Strecke des bisherigen Rekordhalters Victor Carlstrom statt, um ihn unter gleichen Voraussetzungen zu übertreffen. Ruth Law konkurrierte, wie Amelia Earhart später feststellte, gegen „die damaligen Männer, die sich in Ausbildung und Ausrüstung einen Vorsprung vor den wenigen einzelnen Frauen verschafften, die um eine Chance am Himmel kämpften“.

Frauen mußten für ihren Wettbewerbseifer mit tausend großen und kleinen Schwierigkeiten und Schikanen büßen. Als die erste deutsche Pilotin, Melli Beese, im Jahre 1911 ihren Prüfungsflug absolvierte, versuchten „Fliegerkameraden“ auf dem Flugplatz Johannisthal erfolglos, ihren Flug zu sabotieren, indem sie sich an der Steuerung ihrer Maschine zu schaffen machten und den Benzintank zum Teil entleerten. Auch Jahre später hatte sich diese Einstellung kaum geändert. Elinor Smith berichtete von einem Werbeflug mit einer Bellanca mit Doppelsteuer, den sie Ende der zwanziger Jahre gemacht hatte: Ihr Kopilot genierte sich so sehr, daß er sich von einer Frau hatte fliegen lassen, daß er später Pressevertretern gegenüber fälschlich behauptete, *er* habe die Maschine geflogen. Als die bekannte Pilotin Helen Richey 1934 von den Central Airlines als erste Verkehrsfliegerin eingestellt wurde, weigerte die Pilotengewerkschaft sich, sie als Mitglied aufzunehmen. Da sie auf Veranlassung der Gewerkschaft nicht bei Schlechtwetter fliegen durfte, gab sie ihre Stellung schließlich wieder auf, weil sie keine „Schönwetterfliegerin" sein wollte.

Erstaunlich ist nur, was Frauen in der von Männern beherrschten Welt der Luftfahrt alles zustande brachten. Die Erfolge von Fliegerinnen wie Earhart und Cochran, Thaden und Boucher waren nicht nur eine Herausforderung für Piloten und Pilotinnen, sondern Ansporn für Tausende von jungen Frauen, die insgeheim vom Fliegen träumten. Trotzdem war die eigentliche Hinterlassenschaft der großen Fliegerinnen etwas weniger Konkretes: Allein durch ihre Gegenwart am Himmel trugen sie dazu bei, den furchterregenden Luftraum seiner Geheimnisse zu berauben und nutzbar zu machen. Sie bewiesen, daß sich dort nicht nur Männer, sondern auch Frauen und Familien gefahrlos aufhalten konnten. Sie trugen so dazu bei, den Weg für das zukünftige Massenverkehrsmittel Flugzeug zu bahnen. Als die Luftfahrtindustrie erkannte, daß Pilotinnen die Fähigkeit besaßen, dem Reisepublikum die Flugangst zu nehmen, engagierten die amerikanischen Flugzeughersteller buchstäblich alle damaligen Spitzenpilotinnen für Werbeflüge durch Amerika, mit denen die Sicherheit des Luftverkehrs propagiert werden sollte. Berühmte Pilotinnen wie Amelia Earhart schrieben Zeitungsartikel über Themen wie „Warum haben Frauen Angst vor dem Fliegen?" und „Sollten Sie Ihre Tochter fliegen lassen?"

Werbung für die Luftfahrt zu treiben war für die meisten Pilotinnen keine lästige Pflicht, sondern ein Vorrecht. Aus den Erinnerungen der ersten Fliegerinnen spricht immer wieder die Dankbarkeit dafür, zur Fliegerei gehört zu haben, als sie noch ganz jung war.

„Versuchen Sie sich vorzustellen, was es bedeutete, als die ganze Welt der Luftfahrt noch jung, frisch und unerprobt war", schrieb die englische Ballonführerin Gertrude Bacon in einem Rückblick auf die begeisternden Erfahrungen ihrer Jugend. „Ich habe etwas erlebt, was Sie nie erleben können und was mir keiner mehr nehmen kann – die Begeisterung, den Zauber und den Glanz ‚der ersten Anfänge'."

Auf diesem Titelbild der Zeitschrift „Femina" aus dem Jahre 1909 fliegt eine mutige Dame zusammen mit Wilbur Wright. Die französische Frauenzeitschrift stiftete die sogenannte Coupe Femina für Langstreckenfliegerinnen.

Frauen führten schon seit 1798 selbständig Flüge durch – die Französin Jeanne Labrosse machte in diesem Jahr ihre erste Alleinfahrt mit einem Ballon. Die erste Frau jedoch, die den Beweis erbrachte, daß sie mehr als eine kurzlebige Sensation darstellte, war Madeleine Sophie Blanchard, die ihre erste Alleinfahrt 1805 absolvierte. Ihr Ehemann, ein berühmter französischer Aeronaut, fürchtete auf dem Sterbebett, seine Frau werde sich nach seinem Tode nicht selbst ernähren können. Statt dessen wurde sie die berühmteste Ballonfahrerin ihrer Zeit, deren immer gewagtere Aufstiege riesige Zuschauermengen anlockten. Sie wurde von Napoleon zur kaiserlichen Aeronautin ernannt und trat in ganz Europa auf. Im Jahre 1819 stürzte sie nach einer Feuerwerksvorführung mit brennendem Ballon ab – ein Opfer der Sensationsgier des Publikums.

Bis zum Jahre 1834 waren in Europa nicht weniger als 22 Frauen mit eigenen Ballonen aufgestiegen. In England wurde Margaret Graham im Laufe ihrer 30jährigen Karriere, während der sie den Luftfahrtgedanken förderte, indem sie zahlende Passagiere im Ballon mitnahm, geradezu zu einem festen Bestandteil des viktorianischen Zeitalters. In den Vereinigten Staaten stellte Mary H. Myers 1886 einen erstaunlichen Höhenweltrekord auf, als sie ohne Sauerstoff 6400 Meter über Franklin, Pennsylvanien, erreichte. Als gegen Ende des vorigen Jahrhunderts zahlreiche wissenschaftliche Luftfahrten unternommen wurden, gehörten Frauen wie die

Engländerin Gertrude Bacon zu den Forschern, die kühne Höhenfahrten wagten. Sie überwand ihre anfängliche Flugangst, um aus der Luft zahlreiche photographische Aufnahmen zu machen und ihrem Vater bei der Erprobung der ersten Funkgeräte in den Wolken zu helfen. Im Jahre 1903 unternahm die Kubanerin Aida de Acosta in Paris als erste Frau eine Alleinfahrt mit einem motorgetriebenen Luftschiff – nur wenige Monate bevor den Brüdern Wright in Kitty Hawk, North Carolina, der erste Motorflug mit einem Luftfahrzeug schwerer als Luft gelang.

Trotz dieser und anderer Leistungen blieb die Teilnahme an Ballonfahrten oder Flügen für Damen ungewöhnlich. Noch zu Anfang des 20. Jahrhunderts versuchten weibliche Passagiere gelegentlich, ihre Identität geheimzuhalten. Als Violet Ridgeway, eine Dame aus den besten Kreisen Philadelphias, im Oktober 1909 frühmorgens eine Ballonfahrt machte, erschien sie vorsichtshalber tief verschleiert.

In Frankreich, dem Geburtsland der Ballone und Elisabeth Thibles, wurden Frauen erstmals widerstrebend als Pilotinnen anerkannt. An erster Stelle unter ihnen stand die Französin Raymonde de Laroche, die sich als Baronesse bezeichnete (ihr Anrecht auf diesen Titel war zweifelhaft) und als erste Frau den Pilotenschein erwarb. Sie war nach eigenen Angaben Porträtmalerin, Bildhauerin, Schauspielerin, Rennfahrerin und Ballonführerin gewesen. Bei ihrem ersten Passagierflug rief sie aus: „So soll der Mensch reisen!“ Sie war begeistert, als Charles Voisin, einer der großen französischen Luftfahrtpioniere, sich erbot, ihr Flugunterricht zu geben. Am 22. Oktober 1909, kurz nach ihrem 23. Geburtstag, erschien die Baronesse auf dem Flugplatz Châlons, wo die Brüder Charles und Gabriel Voisin ihre Flugzeuge bauten und einflogen.

Das Flugzeug Voisins, das an zwei durch einen Gitterrahmen verbundene Kastendrachen erinnerte, war wie die meisten damaligen Maschinen ein Einsitzer: Der Schüler saß am Steuer, während der Fluglehrer ihm vom Boden aus Anweisungen zurief. Die Baronesse nahm auf Charles Voisins Anweisung auf dem offenen Führersitz Platz und rollte die Startbahn entlang, um ein Gefühl für die Steuereinrichtungen zu bekommen. Ein Startversuch war ihr ausdrücklich untersagt worden.

Nach einer Runde um den Flugplatz verkündete die angehende Pilotin, sie sei jetzt startbereit. Der verblüffte Charles Voisin, ein staunender englischer Reporter namens Harry Harper und mehrere sprachlose Mechaniker beobachteten sprachlos, wie sie den 50-PS-Motor auf Touren brachte, die Startbahn hinunterrollte und auf etwa fünf Meter Höhe stieg. Das Flugzeug, schrieb Harper, sei „auf völlig ebenem Kiel einige hundert Meter weit durch die Luft geglitten, bevor es sanft niederging und zurückgerollt kam“.

Raymonde de Laroche schrieb ein Kapitel der Luftfahrtgeschichte, als sie ihre Prüfung bestand und am 8. März 1910 vom Aéro-Club de France als erste Frau der Welt einen Pilotenschein erhielt. Die Fliegerei sei für Frauen geradezu ideal, erklärte sie den versammelten Reportern. „Man benötigt dazu weniger physische Kraft“, führte sie aus, „als vielmehr körperliches und geistiges Reaktionsvermögen.“

Als ein Reporter ihr gegenüber äußerte, die Fliegerei sei eine gefährliche Sache für Frauen, zuckte die Baronesse mit den Schultern: „Die meisten von uns verteilen die Gefahren eines ganzen Lebens auf viele Jahre. Andere drängen sie auf Minuten oder Stunden zusammen. Was vorherbestimmt ist, wird ohnehin geschehen.“

Zuschauer und Kavalleristen drängen sich um das Wrack des kastenförmigen Flugzeugs, mit dem Raymonde de Laroche im Jahre 1910 in Reims abgestürzt ist. Der Konstrukteur des Flugzeugs war ihr Freund Charles Voisin.

Genau vier Monate später stieß Raymonde de Laroche etwas zu. Sie nahm an einem Dauerwettbewerb teil – als einzige Frau in einem Teilnehmerfeld, zu dem Stars wie Hubert Latham und Louis Blériot gehörten –, als sie das Opfer eines selten auftretenden und damals kaum richtig begriffenen Phänomens wurde. Als sie um eine Wendemarke flog, kreuzte plötzlich ein anderes Flugzeug ihren Kurs. „Wir sahen ihre Maschine erzittern und schwanken", berichtete Harry Harper. „Sie machte große Anstrengungen, sie wieder in ihre Gewalt zu bekommen, aber sie war dem Boden bereits zu nahe. Die Maschine rutschte seitlich ab und wurde völlig zerstört, als sie in der Nähe der Wendemarke aufschlug." Sie war in die Luftwirbelschleppe des anderen Flugzeugs geraten.

Das Leben von Raymonde de Laroche hing an einem Faden. Sie hatte schwere Kopfverletzungen, innere Verletzungen, einen Armbruch und zwei Beinbrüche davongetragen, so daß nicht zu erwarten war, sie werde jemals wieder fliegen können.

Aber sie genas und nahm schon nicht einmal zwei Jahre später wieder an Wettbewerben teil. Im Jahre 1913 gewann sie die Coupe Femina, einen von der französischen Zeitschrift *Femina* für Pilotinnen ausgesetzten Pokal. „Vielleicht fordere ich das Schicksal einmal zu oft heraus", gab sie Freunden gegenüber zu. „Aber ich habe mich der Luftfahrt verschrieben und fliege stets ohne die geringste Angst." Eine Ironie des Schicksals wollte es, daß Raymonde de Laroche nur als Fluggast mitflog, als sie 1919 mit einem Versuchsflugzeug tödlich abstürzte.

Die bei dem Absturz in Reims schwerverletzte Raymonde de Laroche wird mit Knochenbrüchen auf eine Tragbahre gebettet. Die mutige Fliegerin erholte sich und konnte später an weiteren Wettbewerben teilnehmen.

Fast ebenso berühmt war Hélène Dutrieu, die als erste Belgierin einen Pilotenschein erhielt. Die Tochter eines Armeeoffiziers begann ihre Laufbahn als Kunstradfahrerin, machte ihren ersten, 20 Minuten langen Flug im April 1910 und setzte fünf Monate später Belgien und die Welt mit einem Nonstopflug von Ostende nach Brügge (45 Kilometer) in Erstaunen. Diese Leistung krönte sie, indem sie den historischen Belfried in Brügge umkreiste und auf 400 Meter Höhe stieg, höher als jede Frau vor ihr, während die Kirchenglocken läuteten und Tausende von Zuschauern sich auf den Straßen die Hälse verrenkten. Im Mai 1911 nahm sie als einzige Frau in einem 15köpfigen Teilnehmerfeld an einem Wettflug in Florenz teil, ließ alle ihre männlichen Konkurrenten hinter sich und gewann den begehrten Pokal des italienischen Königs. Im Herbst desselben Jahres beteiligte sie sich in den Vereinigten Staaten am Nassau-Boulevard-Flugtag und gewann in dem für Frauen ausgeschriebenen Dauerwettbewerb einen Preis. Im Dezember 1911 stellte das kühne „Falkenmädchen" – wie Hélène Dutrieus nicht sonderlich attraktiver Beiname lautete – einen neuen Streckenweltrekord für Frauen auf, indem sie 254 Kilometer in 2 Stunden und 58 Minuten zurücklegte. Im Jahre 1913 wurde sie zum Ritter der französischen Ehrenlegion ernannt.

Bedauerlicherweise war sie in der Boulevardpresse wegen der Tatsache, daß sie ohne Korsett flog, fast ebenso bekannt wie wegen ihrer fliegerischen Leistungen. Ohne Korsett könne sie sich freier bewegen, erläuterte Hélène Dutrieu, und sei bei einem Unfall weniger durch Verletzungen gefährdet. In dieser ersten Zeit fiel es allen Pilotinnen schwer, eine Kleidung zu finden, die sowohl damenhaft als auch für den offenen Pilotensitz eines Flugzeugs geeignet war. Das korsettlose Falkenmädchen entschied sich für ein graues Kostüm, weiße Gamaschen, eine flache Angoramütze und lange Handschuhe. Ihre Zeitgenossin Edith Spencer-Kavanaugh aus England bevorzugte eine knappe Weste und einen Rock in so lebhaftem Rot, daß sie als „Kardinal des Himmels“ bekannt wurde. Später entschieden sich die meisten Pilotinnen für weite knielange Golfhosen, Pullover, hohe Schnürstiefel und Fliegerhauben mit Schutzbrillen.

Blanche Stuart Scott, eine kleine, attraktive Frau, die um 1890 in Rochester, New York, geboren worden war, war durchaus kein fliegendes Mannequin – sie brachte es irgendwie fertig, drei Unterröcke übereinander anzuziehen und darüber eine schwere Pumphose zu tragen –, aber sie war die erste Amerikanerin, die einen Alleinflug machte. Sie kam auf einem seltsamen Umweg zur Luftfahrt, indem sie im Jahre 1910 einen Overland-Wagen von New York nach San Francisco fuhr und damit im Auftrag der Willys-Overland Company bewies, daß Langstreckenfahrten so einfach waren, daß selbst eine Frau sie sich zutrauen konnte. Der von ihrem Werbeerfolg beeindruckte Leiter des Flugteams der Curtiss Company, die der Luftfahrtpionier Glenn Curtiss gegründet hatte, überredete sie dazu, Flugunterricht zu nehmen, damit sie bei Flugveranstaltungen mit dem beliebten Curtiss-Team auftreten konnte.

Glenn Curtiss seinerseits mußte erst noch dazu überredet werden, sie zu unterrichten; er war wie Claude Grahame-White der Überzeugung, Frauen sollten auf dem Erdboden bleiben. Jedes Flugzeugunglück, an dem eine Pilotin beteiligt war, würde die Luftfahrt seiner Ansicht nach um Jahre zurückwerfen. Blanche Scott war seine erste – und einzige – Flugschülerin.

Auf dem Flugplatz der Curtiss Company in Hammondsport, New York, bekam sie drei Tage lang theoretischen Unterricht und durfte kurze Rollübungen in einem 35 PS starken Curtiss-Flugzeug mit Druckluftschraube machen – ein Verfahren, das als „Rasenmähen“ bekannt war. Sie konnte nicht genug Gas geben, um die Maschine in die Luft zu bringen, weil Curtiss den Gashebel blockiert hatte. Am 2. September 1910 verhalf eine glückliche Bö oder ein freundlicher Mechaniker der ungeduldigen Flugschülerin zu ihrem ersten Alleinflug. „Irgendwas passierte mit dem bis dahin blockierten Gashebel“, erinnerte sie sich später mit einem kleinen Lächeln. Sie stieg bis auf etwa zwölf Meter, machte einen kurzen Gleitflug und landete glatt. Innerhalb eines Monats flog sie mit dem Curtiss-Team – jedoch ohne Pilotenschein, der damals noch nicht vorgeschrieben war.

Als „Wildkatze der Lüfte“ flog sie sechs Jahre lang mit verschiedenen Kunstfliegergruppen. „Jede Sekunde eine Sensation“, versprachen die Handzettel, auf denen ihre Vorführung angekündigt wurde. Ihre spektakulärste Figur war ihr immer wieder gefeierter „Todessturz“, bei dem sie aus etwa 1200 Metern fast senkrecht in die Tiefe stürzte und ihre Maschine erst in 60 Meter Höhe abfing. Ihr Gehalt und ihr Anteil an den Eintrittsgeldern summierten sich auf bis zu 5000 Dollar pro Woche.

Im Jahre 1916 zog Blanche Scott sich plötzlich aus der Fliegerei zurück. „In der Luftfahrt“, stellte sie durchaus zutreffend fest, „scheint es keinen Platz für weibliche Ingenieure, Mechaniker oder Piloten zu geben. Allzu oft haben die Leute dafür bezahlt, zusehen zu dürfen, wie ich meinen Hals riskiere; ich war eher eine Kuriosität – eine verrückte Pilotin – als eine erfahrene Fliegerin. Nie mehr!“

Eine internationale Galerie weiblicher Luftfahrtpioniere

„Ich bin erst glücklich, wenn ich fliegen kann“, erklärte Hilda Hewlett *(nächste Seite)* im Jahre 1910. Sie sprach nicht nur für sich selbst, sondern für Frauen in aller Welt, die sich danach sehnten, beweisen zu können, daß sie ebensogut Flugzeuge führen konnten wie Männer.

Im August 1911 konnte sich Hilda Hewlett als erste Engländerin, die einen Pilotenschein erhielt, endlich glücklich fühlen. Dadurch wurde sie in die Runde offiziell anerkannter Pilotinnen aufgenommen, der bereits die Französin Raymonde de Laroche, die Belgierin Hélène Dutrieu, die Amerikanerin Harriet Quimby und die Russin Lidija Swerewa *(nächste Seite)* angehörten.

Diesen Frauen folgten bald andere in Deutschland *(unten)* und Italien *(rechts)*. In anderen Ländern dauerte es länger, bis Frauen flogen, aber im Laufe der Zeit machten selbst in Brasilien, Japan und China die ersten Frauen ihren Pilotenschein.

Fédération Aéronautique Internationale
ITALIE
(Aero Club d'Italia)

I sottoscritti, rappresentanti del potere sportivo Aeronautico Italiano riconosciuto dalla F.A.I., certificano che: | Nous soussignés, pouvoir sportif reconnu par la F.A.I. pour l'Italie, certifions que:

Mlle Rosina Ferrario
nata a: Milano
il 28 luglio 1888
avendo soddisfatto a tutte le condizioni imposte dalla F.A.I. ha ricevuto il brevetto di: | ayant rempli toutes les conditions posées par la F.A.I. a été breveté:
pilota Aviatore (1)
li 3 gennaio 1913

Il Presidente: Carlo Montù | Il Segretario

(1) aviatore, d'aerostato o di dirigibile.

Firma del Titolare: Rosina Ferrario
N° del Brevetto 203
Tessera 148

Rosina Ferrario erhielt als erste Frau einen italienischen Pilotenschein.

Melli Beese mußte 1911 um ihren Pilotenschein kämpfen – zweimal versuchten Männer, ihr Flugzeug unbrauchbar zu machen.

Hilda Hewlett steht selbstbewußt neben ihrem 1911 gebauten Farman, den sie auch in ihrer Fliegerschule als Schulmaschine einsetzte.

Die erste brasilianische Pilotin, Anesia Pinheiro Machado, flog 1922 bereits als 17jährige. Sie stellte mehrere Flugrekorde auf.

Lidija Swerewa wurde 1911 die erste russische Pilotin.

Ruthy Tu wurde 1932 chinesische Militärpilotin.

Millicent Byrant, die erste Australierin mit Pilotenschein, bewältigte auf ihrem ersten Flug im Jahre 1926 gelassen extreme Turbulenzen.

Die Japanerin Tadaschi Hjodo errang 1922 nach zweijährigen Bemühungen ihren Pilotenschein.

Da nie geklärt wurde, ob ihr erster kurzer Flug zufällig oder beabsichtigt zustande gekommen war, wurde nicht Blanche Scott, sondern eine andere Fliegerin offiziell als erste amerikanische Pilotin geehrt: Bessica Raiche. Um die Jahrhundertwende gab es in ihrer Heimatstadt Beloit, Wisconsin, nicht viele junge Frauen wie Bessica Medlar. Sie trug Knickerbocker, fuhr ein Automobil, war für Sport, Musik, Sprachen und Kunst begabt und überredete ihre Eltern dazu, sie in Frankreich Musik studieren zu lassen. Von dort brachte sie einen französischen Ehemann, François Raiche, nach Hause mit und schwärmte für die Leistungen der Baronesse Raymonde de Laroche und anderer europäischer Pilotinnen.

Die Raiches zogen nach Mineola, New York, und kamen auf die ziemlich ausgefallene Idee, einen Doppeldecker Stück für Stück in ihrem Wohnzimmer zu bauen und draußen auf dem Rasen zusammenzusetzen. Das Flugzeug der Raiches, das eine gewisse Ähnlichkeit mit der als Vorbild dienenden Curtiss-Maschine mit Druckluftschraube nicht verleugnen konnte, war in Leichtbauweise aus Materialien wie Bambus und Seide konstruiert. Ohne auch nur Gleitflüge versucht oder eine einzige Flugstunde genommen zu haben, erhob sich Bessica Raiche damit am 16. September 1910 bei ihrem ersten Alleinflug einige Meter hoch in die Luft. In den folgenden Wochen steigerte sie ihre Leistungen und erhielt von der Aeronautical Society eine der „Ersten Fliegerin Amerikas“ gewidmete, mit Diamanten besetzte Goldmedaille.

Das Ehepaar Raiche baute und verkaufte noch zwei weitere Flugzeuge und gründete die French American Aeroplane Company, eine Art Flugzeugbau in Heimarbeit, dessen Produkte hauptsächlich aus Bambus, Klaviersaitendraht und chinesischer Seide bestanden. Aber dann wurde Bessica Raiche krank und gab schließlich nach ihrer Genesung die Luftfahrt auf, um praktische Ärztin zu werden.

Die berühmteste amerikanische Pionierfliegerin war die schöne und verlockend geheimnisvolle Harriet Quimby. Diese schlanke, grünäugige Brünette kam angeblich aus Massachusetts, Michigan oder auch Kalifornien – einmal aus einer angesehenen, reichen Familie, dann wieder aus einer armen Farmerfamilie. Ins Licht der Öffentlichkeit trat sie im Jahre 1902, als sie Theaterkritiken für Zeitungen in San Francisco schrieb. Ein Jahr später zog sie als Theaterkritikerin für *Leslie's Weekly* nach New York.

Im Oktober 1910 wurde ihr Interesse für die Fliegerei auf dem Flugtag in Belmont Park ernsthaft geweckt. An den internationalen Wettbewerben nahm eine eindrucksvolle Phalanx der hervorragendsten Flieger aus aller Welt teil – aber keine einzige Pilotin war dabei. Harriet Quimby begeisterte sich vor allem für John Moisants Siegesflug um die Freiheitsstatue und bat ihn, ihr Flugunterricht zu geben.

Als John Moisant wenig später bei einem Flugtag in New Orleans tödlich verunglückte, nahm sie Flugunterricht bei seinem Bruder Alfred, der in Hempstead, Long Island, die Moisant-Flugschule eröffnet hatte. Moisants Schwester Matilde begann ihre Ausbildung einige Wochen später, und die beiden jungen Frauen wurden rasch gute Freundinnen. Harriet Quimby, eine von Natur aus begabte Pilotin, beantragte nach Abschluß ihrer Ausbildung den Pilotenschein und erhielt ihn, nachdem sie zwei nahezu perfekte Prüfungsflüge absolviert hatte – jeweils mehrere Achterschleifen um zwei Wendemarken. Sie erhielt als erste amerikanische Fliegerin den Pilotenschein, gefolgt von Matilde Moisant als zweiter.

Harriet Quimby schloß sich wenig später Moisants International Aviators an, die von Matilde Moisant als Organisation zur Förderung der Luftfahrt geschildert wurden, obwohl sie in Wirklichkeit eine Kunstfliegertruppe waren. Die neue Pilotin entwarf für sich einen eleganten Fliegeranzug aus mit Wolle gefüttertem pflaumenfarbenem Samt mit Kapuze, der ihr Erkennungszeichen wurde und über den in der damaligen Presse viel geschrieben wurde. In diesem Anzug und mit eleganter stromlinienförmiger Schutzbrille startete sie im Herbst 1911 zu ihrem professionellen Debüt – einem Mondscheinflug über Staten Island, New York, den 20 000 Zuschauer sahen.

Die Zeitungen nannten sie die „Porzellan-Fliegerin". In Wirklichkeit war sie eine sehr menschliche, aufopferungswillige Pilotin, die hart arbeitete, um die Luftfahrt voranzutreiben und Frauen dazu zu bringen, es mit dem Fliegen zu versuchen. Sie stellte warnend fest, daß die Vereinigten Staaten weniger Interesse an der Weiterentwicklung der Luftfahrt zeigten als andere Nationen, und forderte eine stärkere Berücksichtigung der Verkehrsfliegerei. Für *Leslie's Weekly* schrieb sie eine Artikelserie über „Wie eine Frau fliegen lernt", „Wie ich meinen Pilotenschein erworben habe" und „Die Gefahren des Fliegens, und wie man sie vermeidet". Deutlicher als die meisten ihrer Zeitgenossen erkannte Harriet Quimby die Möglichkeiten der Luftfahrt, in der sie mehr als nur einen aufregenden Sport sah. „Meiner Ansicht nach", schrieb sie, „gibt es keinen Grund, weshalb das Flugzeug nicht den Frauen eine einträgliche Berufskarriere eröffnen sollte. Ich sehe keinen Grund, weshalb sie sich nicht ansehnliche Einkünfte verschaffen sollten, indem sie Passagiere zwischen benachbarten Städten befördern, warum sie ihren Lebensunterhalt nicht mit Paketbeförderung, Luftaufnahmen oder der Leitung von Flugschulen bestreiten können." Außerdem bezeichnete sie es als eine durchaus realistische Vorstellung, daß regelmäßig beflogene Luftverkehrsstrecken von 80 bis 100 Kilometer Länge eingerichtet würden.

Im November und Dezember 1911 flog Harriet Quimby in Mexico City auf einer Veranstaltung zur Amtseinführung von Präsident Francisco Madero. Dort reifte in ihr der Entschluß, die Überquerung des Ärmelkanals zu versuchen. Der Kanal war damals bereits von den Franzosen Louis Blériot und Jacques de Lesseps im Alleinflug bezwungen worden, und ihr Idol John Moisant war im September 1910 mit einem Passagier von Paris nach London geflogen. Im März 1912 reiste sie nach England und vertraute ihren Plan dem Herausgeber der Londoner Zeitung *Daily Mirror* an, der sich bereit erklärte, ihren Flug zu finanzieren. Als nächstes fuhr sie nach Paris und vereinbarte mit Louis Blériot, daß er ihr einen Blériot-Eindecker mit 50-PS-Motor lieh, den sie heimlich nach Dover bringen ließ.

Sturm und Regen verhinderten, daß die junge Amerikanerin sich auf einem Probeflug mit dem ausgeliehenen Flugzeug vertraut machte. Sie war auch noch nie nach dem Kompaß geflogen, in dessen Geheimnisse sie erst vor dem Start von einem Freund, dem englischen Flieger Gustav Hamel, eingewiesen wurde. Hamel beurteilte die Aussichten einer Frau, die Kanalüberquerung zu schaffen, so skeptisch, daß er sich erbot, ihren Fliegeranzug aus pflaumenfarbenem Samt anzuziehen und an ihrer Stelle den Flug zu wagen: Sie würden sich an irgendeinem abgelegenen Landeort treffen, wo Hamel unauffällig verschwinden konnte, während sie sich ins Flugzeug setzte und darauf wartete, daß neugierige Einheimische zusammenströmten. Harriet Quimby lehnte dieses ungewöhnliche Angebot dankend ab, aber sie hörte gut zu, als Hamel ihr zum Schluß warnend erklärte, eine Abweichung von nur fünf Grad vom Idealkurs könne dazu führen, daß sie sich über der eiskalten Nordsee wiederfinde – ohne auch nur die geringste Aussicht auf Rückkehr.

In einem Flugzeug, das keinerlei Schutz vor den Elementen bot, stellte sich auch das Problem, wie man sich vor dem eisigen Wetter über dem Ärmelkanal schützen konnte. Wie die Pilotin später in *Leslie's Weekly* preisgab, trug sie „zwei Garnituren Seidenwäsche" unter ihrem Fliegeranzug und darüber einen langen Wollmantel, einen amerikanischen Regenmantel und eine Stola aus Seehundfell. „Selbst das", fügte sie hinzu, „erschien meinen besorgten Freunden noch zu wenig. Sie reichten mir im letzten Augenblick eine große Wärmflasche, und Mr. Hamel bestand darauf, sie mir wie ein riesiges Medaillon um die Taille zu binden."

Am 16. April 1912, einem windstillen, nebligen Morgen, startete die Porzellan-Pilotin um 5.30 Uhr, schraubte sich in einem weiten Kreis in die Höhe und erreichte in 30 Sekunden 450 Meter. Die Festung Dover war halb vom Nebel verdeckt; für kurze Zeit erkannte sie auch den Schlepper, den der *Daily Mirror* entsandt hatte. Das Boot versuchte vor ihr zu bleiben, aber sie überholte es rasch und flog in eine dichte Nebelwand hinein. „Nach vorn war mir jegliche Sicht genommen", berichtete sie später, „auch das Wasser

Unmittelbar vor dem Start bei Dover zur Überquerung des Ärmelkanals mit einem Blériot-Eindecker im Jahre 1912 pudert sich Harriet Quimby (rechts) die Nase, während eine andere Fliegerin ihr den Spiegel hält.

war nicht mehr zu sehen. Mir blieb nur noch eines übrig: Ich durfte meinen Kompaß nicht mehr aus den Augen lassen."

Ausgekühlt und durchnäßt flog sie mit über 100 Stundenkilometer Geschwindigkeit durch die Nebelschwaden. Dann ging sie von 600 Meter auf 300 Meter herab, um vielleicht unter den Nebel zu kommen: „Die Sonne schien mir ins Gesicht, und ich erkannte die weiße, sandige Küste Frankreichs." Da sie ihr eigentliches Ziel – Calais – nicht ausmachen konnte, ging sie tiefer und landete auf dem harten Sandstrand. Einheimische Fischer liefen zusammen, um sie zu begrüßen: „Ich verstand genug, um mitzubekommen, daß sie von meiner Überquerung des Kanals wußten." Sie war bei Hardelot, etwa 40 Kilometer südlich von Calais, gelandet.

Weniger als ein Vierteljahr nach ihrem Triumph startete Harriet Quimby zu ihrem letzten Flug. Sie war Ende Juni 1912 mit einem neuen, ganz weißen Blériot-Eindecker mit 70-PS-Motor zur Harvard-Boston-Flugveranstaltung gekommen. Dort erklärte sie sich bereit, auf einem ihrer Flüge den Veranstaltungsdirektor William A. P. Willard – den Vater des Curtiss-Kunstfliegers Charles Willard – über die Dorchester Bay bis zum Bostoner Leuchtfeuer und zurück mitzunehmen.

Am Spätnachmittag des 1. Juli versicherte sie einem besorgten Freund, sie habe nicht die Absicht, in die Bucht zu stürzen: „Ich bin eine Katze und

Der englische Flieger Gustav Hamel klettert auf Harriet Quimbys Flugzeug, um ihr letzte Ratschläge zu geben. Da die Maschine keine Bremsen hatte, mußten sechs Männer sie halten, sobald der 50 PS starke Gnôme-Motor lief.

Nach ihrem Flug über den Ärmelkanal im Jahre 1912 wird Harriet Quimby von den Fischern des französischen Ortes Hardelot gefeiert.

mag kein kaltes Wasser", sagte sie. Dann startete sie mit ihrem 85 Kilogramm schweren Passagier. Blanche Scott, die sich für einen Dauerwettbewerb gemeldet hatte, befand sich zu diesem Zeitpunkt in der Luft, und Ruth Law, die erst seit kurzem Unterricht in der Burgess-Fliegerschule in Boston nahm, bereitete sich auf ihren ersten Flug vor.

Etwa 5000 Zuschauer sahen, wie der Blériot-Zweisitzer bei 13 Stundenkilometer Wind elegant wie eine Möwe über den Hafen hinausflog. Harriet Quimby umrundete mühelos das Leuchtfeuer, kam in 1000 Meter Höhe über den Flugplatz Squantum zurück und beschrieb im Sinkflug einen weiten Kreis, der wieder über die Bucht hinausführte. Plötzlich ging der Blériot-Eindecker in einen fast senkrechten Sturzflug über. In „etwa 500 Meter Höhe", erinnerte Ruth Law sich viele Jahre später, „flog der Passagier einfach heraus. Wir waren damals nicht angeschnallt oder sonstwie gesichert. Er flog in hohem Bogen aus der Maschine, als sei er herausgesprungen." Die Pilotin bemühte sich verzweifelt, das Flugzeug in ihre Gewalt zu bekommen, aber sie wurde Sekunden später ebenfalls hinausgeschleudert. Pilotin und Passagier stürzten mit wenigen Sekunden Abstand ins seichte Wasser und fanden bei dem Aufschlag den Tod. Blanche Scott, die alles von oben miterlebt hatte, war so entsetzt, daß sie kaum noch landen konnte. „Mit einer vom Boden aus deutlich sichtbaren Anstrengung", berichtete die New Yorker Zeitung *World*, „senkte sie den Bug ihrer Maschine, landete wie ein Blitz und wurde ohnmächtig, bevor ihr jemand zur Hilfe eilen konnte."

Matilde Moisants Fliegerlaufbahn war noch beträchtlich kürzer als die Harriet Quimbys. Im Gegensatz zu ihrer Freundin betrachtete sie die Fliegerei nicht als einen möglichen Frauenberuf, sondern als amüsanten Sport – obwohl ihr Bruder John dabei umgekommen war. Sie besuchte die Moisant-Fliegerschule einen Monat lang und verbrachte insgesamt 32 Minuten in der Luft. Als sie am 17. August 1911 als zweite Amerikanerin ihren Pilotenschein bekam, hatte sie auch einen Rekord für die kürzeste Ausbildungsdauer aufgestellt. Einen Monat später gewann sie einen Höhenwettbewerb für Pilotinnen mit 365 Metern, und noch vor Jahresende stellte sie mit 760 Metern einen neuen Höhenrekord auf. Obwohl sie eine von Natur aus begabte und sehr wagemutige Pilotin war, dauerte ihre Fliegerlaufbahn kaum ein Dreivierteljahr.

Als Matilde Moisant am 14. April 1912 in Wichita Falls, Texas, mit Moisants International Aviators Kunstflüge vorführte, sah sie bei der Landung, daß Zuschauer auf den Platz gelaufen waren. Um nicht in sie hineinzufliegen, gab sie Vollgas und flog tief über den Köpfen der Menschen weiter. Aber dann versagte ihr Motor; sie stürzte ab, blieb wie durch ein Wunder unverletzt und wurde von Zuschauern aus dem brennenden Flugzeugwrack gezogen. Dieser Absturz, die Besorgnis ihrer Angehörigen und das wachsende Gefühl, in der von Männern beherrschten Luftfahrt zunehmend isoliert zu sein, bewogen Matilde Moisant, sich mit 26 Jahren von der Fliegerei zurückzuziehen. „Meine Fliegerlaufbahn dauerte nicht sehr lange", sagte sie in einem Interview, das sie einige Jahre vor ihrem Tode 1964 gab, „denn das war damals Männerarbeit, und die Leute fanden, ein anständiges Mädchen solle sich nicht damit abgeben."

Angesichts dieser Einstellung ist es bemerkenswert, daß so viele Frauen vor dem Ersten Weltkrieg flogen – und daß einige sogar Männer zu Piloten ausbildeten. Im Jahre 1912 eröffnete Melli Beese in Berlin eine Fliegerschule und bildete Dutzende von Männern aus. Sie erwies sich als

Männer mit einer Tragbahre laufen einem Mann entgegen, der Harriet Quimbys Leiche im Jahre 1912 aus der Dorchester Bay geborgen hat. „Sie hatte den Ehrgeiz, zu den Wegbereitern zu gehören", schrieb die „Boston Post", „sie riskierte alles wie ein Mann und starb ebenso."

ungewöhnlich mutige Frau: Sobald sie – trotz erheblicher männlicher Störversuche – ihren Pilotenschein gemacht hatte, stellte sie Höhen- und Dauerrekorde auf und baute einen eigenen Eindecker, die Melli-Beese-Taube, den sie als Schulflugzeug einsetzte. Jenseits des Ärmelkanals nahm Hilda Hewlett, die erste Engländerin mit Pilotenschein, schon im Jahre 1910 an Wettflügen gegen Männer teil und bildete im Ersten Weltkrieg zukünftige Jagdflieger aus. In den Vereinigten Staaten erwarb Marjorie Stinson sich einen fast legendären Ruf als Ausbilderin kanadischer Piloten, die sich auf den Dienst im britischen Fliegerkorps vorbereiteten.

Die Stinsons waren eine Familie von Fliegern. Von ihrer Mutter gefördert, wurden die beiden Söhne und die beiden Töchter Piloten, so daß die Familie die Stinson-Fliegerschule in San Antonio, Texas, gründen konnte. Marjorie Stinson erwarb ihren Pilotenschein mit 20 Jahren und war damit die jüngste lizenzierte Pilotin Amerikas. Noch vor ihrem 22. Geburtstag hatte sie über 100 kanadische Militärpiloten ausgebildet. Da sie klein und zierlich war, traf sie ein Übereinkommen mit ihren Flugschülern,

Eine fliegende Krankenschwester

„Ich habe stets an die Schwingen geglaubt, die Barmherzigkeit bringen", schrieb Marie Marvingt, eine französische Fliegerin, deren lange und aktive Laufbahn humanitären Zielen gewidmet war. Die ausgebildete Krankenschwester machte 1910 ihren Pilotenschein – als eine der ersten Frauen überhaupt – und begann ihre lebenslänglichen Bemühungen um den Aufbau eines Luftrettungsdienstes für verwundete Soldaten und Katastrophenopfer.

Schon 1910 drängte sie die französische Armee zur Gründung eines Sanitätsflugwesens mit speziellen Rettungsflugzeugen, in denen Krankenschwestern, Tragbahren und Verbandmaterial mitfliegen sollten. Im Jahre 1912 bestellte sie bei der Firma Deperdussin ein Sanitätsflugzeug, um ihre Vorstellungen praktisch zu demonstrieren. Das Flugzeugwerk schloß jedoch seine Tore, bevor die Maschine fertiggestellt war. Daß Marie Marvingts Vorschläge von den französischen Militärs jahrelang praktisch ignoriert wurden, lag vielleicht daran, daß sie eine Frau war. „Welchen Vorbehalten bin ich nicht begegnet", erinnerte sie sich noch später, aber „keine Kritik, kein Spott konnte meine Vision beeinträchtigen."

Im Ersten Weltkrieg setzten einige Einheiten der französischen Armee in dringenden Fällen Flugzeuge zur ärztlichen Versorgung ein – allerdings nicht regelmäßig. Marie Marvingt setzte ihre Kampagne auch nach Kriegsende fort. Anfang der dreißiger Jahre half sie, Lehrgänge einzurichten, auf denen Krankenschwestern und Piloten für Rettungseinsätze ausgebildet wurden, und im Jahre 1934 forderte die Armee sie endlich auf, in dem französischen Protektorat Marokko einen zivilen Luftrettungsdienst aufzubauen. Schon bald waren dort fliegende Krankenschwestern dabei, Hilfe zu bringen, wie Marie Marvingt es sich ein Vierteljahrhundert zuvor vorgestellt hatte.

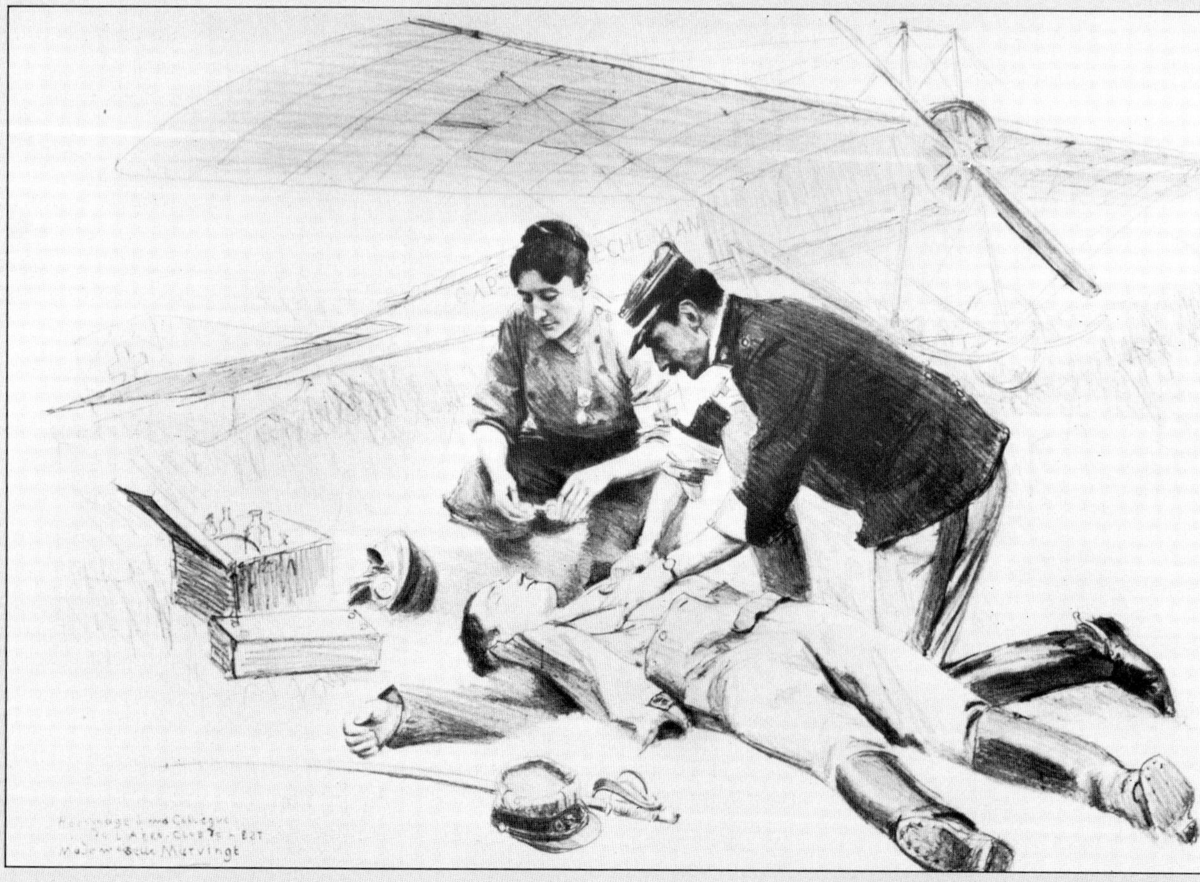

Diese Zeichnung von 1914 illustriert den von Marie Marvingt geplanten Luftrettungsdienst, der einen verwundeten Soldaten versorgt.

demzufolge diese ihr augenblicklich das Steuer überlassen würden, sobald sie den Wunsch äußerte, es zu übernehmen. Auf diese Weise vermied sie Rangeleien, bei denen sie sich nicht hätte durchsetzen können und die vielleicht zu einem Absturz geführt hätten.

Marjories Schwester Katherine bildete nicht an der Stinson-Fliegerschule aus, sondern verdiente als Kunstfliegerin Geld und trug so zu ihrem Unterhalt bei. Katherine Stinson, die als vierte amerikanische Pilotin den Pilotenschein erworben hatte, erregte frühzeitig Aufsehen und war bald als die wagemutigste Kunstfliegerin ihrer Generation bekannt. Im Jahre 1913 wurde sie die erste amerikanische Postfliegerin – mit einem Flug vom Festgelände außerhalb von Helena, Montana, in die eigentliche Stadt. In den folgenden Jahren stellte sie immer längere und weitere Dauer- und Streckenrekorde auf, bereiste England, China und Japan und begeisterte mit ihren Kunstflügen ein großes Publikum *(S. 34–41)*.

Ihr wahrscheinlich berühmtester Flug führte im Jahre 1917 von San Diego nach San Francisco. „Bald hinter Los Angeles begann ich allmählich den Tehachapi-Paß mit 2750 Meter über Meereshöhe zu übersteigen", erinnerte sie sich. „Ich wußte, daß Flieger versucht hatten, ihn zu überqueren – was ihnen aber nicht gelungen war –, und ich wußte auch, daß ich keine Schwierigkeiten mehr zu erwarten hatte, sobald ich den Paß hinter mir hatte." Sie überflog ihn und hatte tatsächlich während des restlichen Fluges keine Probleme mehr, sondern erreichte eine Reisegeschwindigkeit von 100 Stundenkilometern, winkte Zügen und Schulkindern zu und landete unter den Hurrarufen von Soldaten auf dem Militärstützpunkt Presidio in San Francisco. Sie war 980 Kilometer weit geflogen und hatte damit einen neuen Streckenrekord für Männer und Frauen aufgestellt. „Ich möchte wetten, daß Ruth Law froh darüber ist, daß eine Frau und kein Mann ihren Rekord überboten hat", sagte Katherine Stinson.

Sie bezog sich damit auf einen Flug, den Ruth Law im Jahr zuvor unter außergewöhnlichem Beifall der amerikanischen Öffentlichkeit gemacht hatte. Keine andere Pilotin der damaligen Zeit erregte mehr Aufsehen als Ruth Law oder spornte Kolleginnen zu größeren Leistungen an. Sie machte ihren ersten Alleinflug einen Monat nach Harriet Quimbys Todessturz, den sie miterlebt hatte. Dann begann sie ihre Karriere, in deren Verlauf sie zahlreiche Rekorde aufstellte, mit Unterstützung zweier Männer: ihres Bruders Rodman Law, der wegen seiner Auftritte als Fallschirmspringer und Stuntman für die Film- und Wochenschaufirma Pathé als „Menschliche Fliege" bekannt war, und ihres Ehemanns Charles Oliver, der ihre Flugkunst sehr bewunderte und als ihr Manager hervorragende Arbeit leistete.

Ruth Law erhielt ihren Pilotenschein im November 1912. Da sie sehr ehrgeizig war, genügte oft schon eine Warnung vor irgend etwas, um sie zu veranlassen, es trotzdem zu versuchen. Im Jahre 1915 trat sie in Daytona Beach, Florida, erstmals als Kunstfliegerin auf und gab bekannt, sie werde ihren ersten Looping fliegen. Charles Oliver beobachtete sie wie immer – und machte sich wie immer Sorgen. Viele Jahre später erinnerte sie sich daran, daß er gesagt hatte: „Hör zu, Ruth, du brauchst den Looping nicht zu versuchen, wenn du nicht willst." Ruth Law reagierte auf für sie charakteristische Weise: „Das genügte, daß ich mir vornahm, ihn zu versuchen. Am nächsten Morgen startete ich vom Strand aus und stieg auf ungefähr fünfhundert Meter. Ich zog den Steuerknüppel gleichmäßig zurück, bis die Maschine in die Rückenlage geriet und einen schönen Kreis beschrieb. Ich mußte lachen, so einfach war alles. Deshalb schloß ich gleich einen zweiten Looping an, um mich zu vergewissern, daß ich's konnte, und landete inmitten großer Aufregung am Strand. Mein Mann sagte: ‚Du hättest keinen *zweiten* zu fliegen brauchen!'"

Im Spätherbst 1916 nahm Ruth Law anläßlich einer Flugveranstaltung in Sheepshead Bay, New York, an zwei Höhenwettbewerben teil. Victor Carlstrom gewann den ersten mit 4420 Meter, während Ruth Law mit 3350 Meter den zweiten Platz belegte. Bei ihrem nächsten Versuch war es in dieser Höhenlage so kalt, daß sie kaum noch das Steuer festhalten konnte; bei der Landung war sie der Überzeugung, ihre vorige Höhe überboten zu haben. Tatsächlich hatte sie 60 Meter zugelegt. Aber diesmal wurde sie von Steve MacGordon übertroffen, der 4815 Meter erreicht hatte. Ruth Law war wütend: Sie strebte schon damals danach, einen Rekord aufzustellen, der nicht nur für Frauen, sondern auch für Männer galt. Dieser Ehrgeiz spornte sie bald zu ihrem größten Flug an.

Am 2. November 1916 hatte Victor Carlstrom bei dem Versuch eines Direktflugs Chicago–New York bei Erie, Pennsylvanien, zwischenlanden müssen. Obwohl er sein eigentliches Ziel verfehlt hatte, bedeuteten die zurückgelegten 727 Kilometer immerhin einen neuen amerikanischen Streckenrekord. Ruth Law war sofort der Überzeugung, ihn verbessern zu können. Sie ließ Zusatztanks in ihr 100 PS starkes Curtiss-Flugzeug mit Druckluftschraube einbauen, wodurch sich der Treibstoffvorrat dieser durchaus nicht mehr neuen Maschine von 30 auf 200 Liter erhöhte, und installierte eine Benzinleitung aus Gummi, die angeblich nicht reißen konnte, wie es zuvor Victor Carlstrom passiert war. Da sie in ihrem Flugzeug Wind und Wetter ausgesetzt war, ließ sie von ihren Mechanikern einen Windabweiser aus Aluminium anbringen, um ihre Füße und Beine vor dem Wind zu schützen. An Instrumenten führte sie wie üblich Uhr, Kompaß und Barograph mit, und sie ergänzte diese Ausrüstung noch durch ein neuartiges Navigationsgerät: einen Kartenroller, dessen fortlaufendes Band der geplanten Strecke entsprach.

Ruth Law war zu dem Schluß gekommen, daß die üblichen Landkarten für sie während des Fluges zu groß und unhandlich waren. „Deshalb habe ich ungefähr zwanzig Zentimeter breite Streifen ausgeschnitten", erinnerte sie sich, „und auf einen langen dünnen Leinenstreifen geklebt." Dann ließ sie sich einen flachen Kasten mit zwei drehbaren Spulen und einer Glasabdeckung machen und spulte den Kartenstreifen darin auf. Wenn sie sich den Kasten auf den linken Oberschenkel band, konnte sie die Karte mit der rechten Hand aufspulen und hatte ihre Strecke ständig im Kartenbild vor sich. Aber sie erleichterte sich die Navigation auch auf andere Weise: „Auf den Stulpen meiner Handschuhe hatte ich mir die Steuerkurse von einer Stadt zur anderen notiert."

So originell ausgerüstet startete Ruth Law am 19. November 1916 um 8.25 Uhr in Chicago. Sie flog durch unfreundliches, böiges Wetter, bis ihr Motor zu stottern begann. Nach fast sechs Stunden Flugdauer und einer Strecke von 950 Kilometern landete sie auf einem Feld bei Hornell, New York. Sie hatte ihr eigentliches Ziel – New York City – nicht erreicht, aber zwei neue Rekorde aufgestellt: den amerikanischen Streckenrekord für Männer und Frauen sowie den Streckenweltrekord für Frauen.

In Hornell tankte sie nach und ließ die Zündkerzen ihres Motors von einem jungen Heeresleutnant namens Henry H. „Hap" Arnold wechseln, der im Zweiten Weltkrieg Oberbefehlshaber der amerikanischen Heeresluftstreitkräfte werden sollte. Dann flog sie in östlicher Richtung nach

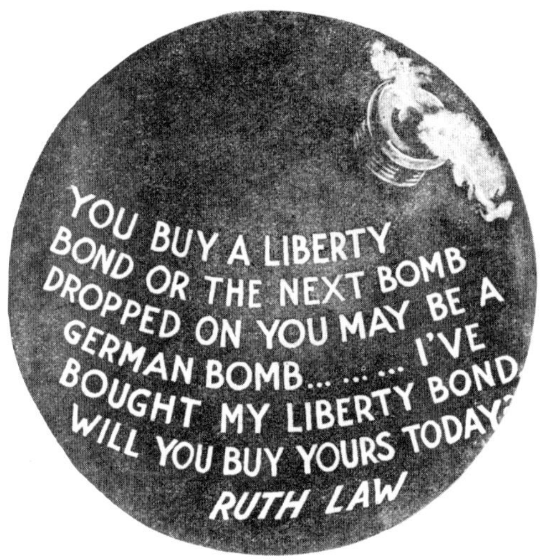

Dieses „Bomben"-Flugblatt mit Ruth Laws Porträt auf der einen und einer deutlichen Aufforderung auf der anderen Seite wurde von der berühmten Fliegerin 1917 bei einem Werbeflug für Kriegsanleihen im Mittleren Westen abgeworfen. Aber die amerikanische Armee lehnte es ab, sie als Militärpilotin einzusetzen.

Binghampton weiter, wo sie übernachtete. Früh am nächsten Morgen startete Ruth Law zur letzten Etappe nach New York City, wo sie auf Governors Island in der Upper New York Bay landen wollte.

Ein offizielles Begrüßungskomitee und zahlreiche Photographen hatten sich versammelt, als sie das Häusermeer von Manhattan überflog und die Südspitze New Yorks ansteuerte. Auch diesmal begann ihr Motor wieder bedrohlich zu stottern, aber in der Großstadt gab es kein freies Feld, auf dem sie hätte notlanden können. Sie brachte ihr Flugzeug in eine Nickbewegung, um das letzte Benzin aus dem Tank in den Vergaser zu befördern; mit den letzten Tropfen Treibstoff versuchte sie noch einmal, möglichst viel Höhe zu gewinnen. Dann setzte der Motor ganz aus. Völlig ohne Benzin begann Ruth Law einen langen Gleitflug, der in einer weiten Kurve zu einer sicheren Landung auf Governors Island führte.

New York feierte sie wochenlang. Präsident Woodrow Wilson und seine Frau nahmen am 2. Dezember 1916 an einem Abendessen zu Ehren von Ruth Law teil; am 18. Dezember ehrten der Aero Club of America und das New Yorker Bürgerforum sie mit einem Bankett im Hotel Astor, an dem Persönlichkeiten wie Admiral Robert E. Peary und Kapitän Roald Amundsen, die Entdecker des Nord- und Südpols, sowie Corinne Roosevelt Robinson, die Schwester des ehemaligen Präsidenten Theodore Roosevelt, teilnahmen. „Miss Law hat eine glänzende Leistung vollbracht", sagte Admiral Peary, „damit die ganze Welt erkennt, was eine Frau vermag." Treffender war die Rede der beliebten Romanautorin Eleanor Gates. „Als Mann bekommt man leicht ein Bankett", stellte sie fest. „Man bekommt es, weil man diesen oder jenen Freimaurergrad erreicht hat – oder weil's wieder einmal Zeit für ein Bankett ist. Aber eine Frau, die im Hotel Astor gefeiert werden will, muß etwas Übermenschliches vollbringen."

Als die Vereinigten Staaten im Jahre 1917 in den Ersten Weltkrieg eintraten, wollte Ruth Law für die amerikanische Armee fliegen, aber sie wurde abgewiesen. „Wir wollen keine Frauen im Heer", entschied der amerikanische Kriegsminister Newton Diehl Baker. Auch Frauen in anderen Ländern machten eine ähnliche Erfahrung. Einem wirklichen militärischen Einsatz am nächsten kamen Hélène Dutrieu in Frankreich und Fürstin Eugenie Michailowna Schachowskaja in Rußland, die beide Aufklärungseinsätze flogen. In den Vereinigten Staaten mußten Ruth Law und andere hervorragende Pilotinnen wie Katherine Stinson sich darauf beschränken, auf Rundflügen Freiwillige zu werben und zur Zeichnung von Kriegsanleihen aufzufordern.

Ruth Law, die die herablassende Zurückweisung als kränkend empfand, schrieb im Jahre 1918 für das Magazin *Air Travel* einen Artikel mit dem Titel „Laßt Frauen fliegen!", in dem sie ausführte: „Man müßte eigentlich annehmen, daß die Erfolge einer Frau auf einem bestimmten Gebiet als Befähigungsnachweis genügen sollten." Das war jedoch offenbar nicht der Fall. „Es gibt eine uralte Kontroverse, die jedesmal wieder auflebt, wenn Frauen auf einem neuen Gebiet tätig zu werden versuchen: Ist die Frau für diese oder jene Arbeit geeignet?"

Bis zum Ausbruch des Ersten Weltkriegs hatten Frauen diese Frage durch ihre Flugerfolge schon oft mit einem Ja beantwortet. Dennoch wurde die Frage immer wieder gestellt. Sie erwies sich auch für die nächste Generation von Pilotinnen als ein Hindernis, das viele entmutigte, aber andere zu Leistungen veranlaßte, welche die bis dahin gültigen Grenzen der fliegerischen Betätigung von Frauen durchbrachen.

Geflügeltes Idol des Ostens

Im Jahre 1916, im Alter von 25 Jahren, war die amerikanische Pilotin Katherine Stinson eine sehr zierliche Frau („Ich wiege lediglich um die 91 Pfund", stellte sie gern fest. „Auf dieses eine Pfund lege ich besonderen Wert.") Aber auf einer Rundtour mit Schauflügen in Japan und China, die sie Ende dieses Jahres begann, verstärkte ihre scheinbare Zerbrechlichkeit nur ihre Wirkung auf fernöstliche Zuschauer. Ihre erste Vorführung lockte 25 000 Menschen auf den Exerzierplatz Ao jama in Tokio. Sie staunten über die atemberaubenden Kunstflugfiguren der furchtlosen Pilotin, aber in einer Gesellschaft, in der die Tätigkeiten von Frauen traditionell außerordentlich beschränkt waren, war die eigentliche Sensation ihr Geschlecht.

„Die Frauen haben mich mit Aufmerksamkeiten geradezu überschüttet und scheinen mich als ihre Befreierin zu betrachten", schrieb die Pilotin. Sie schilderte die Massenszene bei der Landung nach ihrem ersten Flug in Tokio: „Die Frauen waren wild vor Begeisterung, und die Männer standen ihnen darin nicht viel nach." Rasch organisierte weibliche Fanklubs überschütteten sie mit Geschenken und so vielen Blumen, daß zwei Zimmer ihrer Hotelsuite damit angefüllt waren.

Katherine Stinson rief auch die aufrichtigste Form der Schmeichelei hervor – die Nachahmung. Nachdem die junge Japanerin Komazu Imai beobachtet hatte, wie Katherine Stinson über Tokio Loopings flog, lernte sie selbst fliegen und blieb sieben Jahre lang aktiv. Eine Fliegerschule in Tokio wurde mit Aufnahmeanträgen angehender Pilotinnen überschüttet, aber sie nahm nur eine Kandidatin an, die ihren Pilotenschein dann doch nicht schaffte.

Als Katherine Stinson im Mai 1917 in die Vereinigten Staaten heimkehrte, hatte sie nicht nur das Interesse der Japaner und Chinesen für die Fliegerei gestärkt, sondern den dortigen Frauen auch ihren oft verkündeten Gedanken nahegebracht: Wenn andere Leute fliegen können, pflegte sie zu sagen, „sehe ich nicht ein, warum ich's nicht auch können soll".

Jugendliche chinesische Bewunderer in einer Menge, zu der auch einige Inder mit Turban gehören, ziehen ihre Mützen vor der strahlenden Katherine Stinson, als sie im März 1917 in Peking aus ihrer Maschine klettert. Dieser herzliche Empfang war charakteristisch für ihre vielen Flugvorführungen in China und Japan.

Katherine Stinson startet mit ihrer Laird Looper, die sie von dem Flugzeugbauer E. M. Laird gemietet hatte, auf dem Exerzierplatz Aojama in Tokio.

General Gaischi Nagaoka, die treibende Kraft hinter dem beschleunigten Aufbau der japanischen Heeresluftwaffe, begrüßt die amerikanische Fliegerin. Armeepiloten, denen ihr Kunstflug imponierte, interessierten sich für die Fähigkeiten der Pilotin und ihres Flugzeugs.

Von den allgegenwärtigen Japanern beobachtet, lehnt sich die konventionell gekleidete Fliegerin gegen den Propeller ihres Doppeldekkers. Sie legte großen Wert auf ihre Erscheinung nach einem Flug, um damit zu zeigen, „daß ich meine weiblichen Eigenschaften nicht eingebüßt habe, auch wenn ich eine Fliegerin bin.“

In Osaka überreicht eine Geisha der amerikanischen Fliegerin einen Blumenstrauß.

Katherine Stinson winkt in Tokio, von Neugierigen umringt, unbekümmert dem Photographen zu. In ihrer Heimatstadt San Antonio, Texas, berichtete eine Zeitung: „Pressevertreter haben sie fast überallhin begleitet, und die japanische Bevölkerung hat immer wieder ‚Banzai!' gerufen, wenn sie irgendwo auftauchte."

Augenzeugen helfen der unverletzten Katherine Stinson aus ihrem Flugzeug, das 1917 in Schanghai über die Landebahn hinausgeschossen ist.

Die amerikanische Pilotin kurvt über dem Tempel des Ackerbaues in Peking ein, beobachtet von Zuschauern auf einer Brücke. Auf diesem Flug brach der Steuerknüppel ab; sie mußte sich bücken und den Stummel bewegen, um ihre Flugrichtung ändern zu können – und sich wieder aufrichten, um zu sehen, wohin sie flog.

2

Der Nordatlantik als Herausforderung

Im Spätsommer 1927 konzentrierte sich das Interesse der Weltöffentlichkeit einige Tage lang auf eine mutige Frau und ein schwerbeladenes Flugzeug. Die Frau war die 63jährige Fürstin Anne Löwenstein-Wertheim – eine prominente englische Adlige, die den deutschen Fürsten Ludwig Karl von Löwenstein-Wertheim-Freudenberg geheiratet hatte. Das Flugzeug war ein einmotoriger Fokker-Eindecker, der den Namen *St. Raphael* erhalten hatte. Am frühen Morgen des 31. August 1927 war die Fürstin auf dem Flugplatz Upavon in der Ebene von Salisbury eingetroffen und hatte den versammelten Reportern erklärt, sie sei stolz, „die erste Frau zu sein, die eine Atlantiküberquerung versucht". Danach küßte sie den Bischofsring des Erzbischofs von Cardiff, nahm in dem als behelfsmäßiger Passagiersitz dienenden Rohrsessel ihrer Maschine Platz und startete mit einem für den Flug engagierten Piloten und Kopiloten nach Ottawa. Ihr Flugzeug wurde zuletzt noch über dem Atlantik gesichtet und blieb danach spurlos verschwunden.

Das Bemerkenswerte an diesem Flug war nicht sein tragischer Ausgang – der Atlantik verschlang allein 1927 nicht weniger als 19 Flieger –, sondern die Tatsache, daß die erste Frau, die den Versuch einer Atlantiküberquerung wagte, dies als Passagierin tat. Die Fürstin besaß selbst einen Pilotenschein und hatte einige Langstreckenerfahrung, aber offenbar kam niemand auf die Idee, eine Frau könnte die Fähigkeiten besitzen, den mächtigen Atlantik herauszufordern. Ihr spurloses Verschwinden bestätigte nach Meinung vieler lediglich, daß für Frauen in dem großen Forschungsabenteuer, zu dem die Luftfahrt jetzt wurde, kein Platz war.

Durch den Ersten Weltkrieg hatte der Flugzeugbau gewaltige Fortschritte gemacht. Die Flugzeuge waren größer, schneller, stabiler und zuverlässiger als die fliegenden Kisten aus dem ersten Jahrzehnt des Motorflugs. Es wurde möglich – wenn auch weder einfach noch sicher –, weite Strecken von Land zu Land und sogar von Erdteil zu Erdteil zu fliegen. Für die aus dem Krieg hervorgegangene Fliegergeneration war die größte Herausforderung der Nordatlantik: eine unermeßliche Wasserwüste, die zugleich Barriere und Bindeglied zwischen Europa und der Neuen Welt war. Zum erstenmal wurde der Atlantik im Nonstopflug von den Engländern Hauptmann John Alcock und Leutnant Arthur Whitten Brown bezwungen, die im Juni 1919 von Neufundland nach Irland flogen. Weitere Versuche anderer Piloten waren in den folgenden Jahren stets gescheitert.

Daß unter den ersten Langstreckenfliegern nur sehr wenige Frauen waren, hatte gesellschaftliche und finanzielle Gründe. Die militärische Pilotenausbildung, die so viele der damaligen Langstreckenflieger absolviert hatten, war Frauen nicht zugänglich; ebenso blieben ihnen die meisten Stellen in der Luftfahrt und die großzügige finanzielle Förderung, welche Langstreckenflüge überhaupt erst ermöglichte, verschlossen.

Auf diesem Photo für den Pilotenschein, der ihr 1923 von der angesehenen Fédération Aéronautique Internationale ausgestellt wurde, trägt Amelia Earhart eine lederne Fliegerhaube. Obwohl eine FAI-Lizenz nicht gesetzlich vorgeschrieben war, strebte sie diese als Anerkennung ihrer fliegerischen Fähigkeiten an. Und innerhalb eines Jahrzehnts sollte sie tatsächlich weltweit als eine der berühmtesten Pilotinnen der Luftfahrtgeschichte anerkannt werden.

Zu den wenigen Ausnahmen gehörte die draufgängerische und unbekümmerte junge Französin Adrienne Bolland. Sie ließ sich durch Berichte über französische Flugpionierinnen dazu anregen, Unterricht an einer Fliegerschule der Caudron-Flugzeugwerke zu nehmen, und bekam 1920 ihren Pilotenschein. Sie wurde eine hervorragende Kunstfliegerin (einige Jahre später stellte sie mit 212 Loopings hintereinander einen Rekord auf), aber sie sah sich bald nach einer anderen Möglichkeit um, ihre neuerworbenen Fähigkeiten auf die Probe zu stellen. Als sie hörte, daß noch keine Frau über die Anden geflogen war, veranlaßte sie die Firma Caudron dazu, einen ihrer Doppeldecker nach Südamerika zu verschiffen, damit sie über das wolkenverhangene Gebirge zwischen Argentinien und Chile fliegen konnte. Obwohl sie warnend darauf hingewiesen worden war, daß ihr Flugzeug nur 4000 Meter Gipfelhöhe hatte, während der niedrigste Andengipfel 4300 Meter hoch aufragt, hatte sie keine Vorstellung davon, wie sie später zugab, „was mir eigentlich bevorstand“. Sie startete am frühen Morgen des 1. April 1921 in der argentinischen Stadt Mendoza, suchte sich ihre Route über Pässe, verlor in der dünnen und kalten Höhenluft beinahe das Bewußtsein und brachte den gefährlichen Flug nach zehn anstrengenden Stunden glücklich zu Ende.

Es dauerte sieben Jahre, bevor andere Frauen vergleichbare schwierige Flüge unternahmen. Im Jahre 1928 verblüfften zwei britische Damen von adliger Herkunft die Experten durch ihre Flüge nach Südafrika und zurück, wobei sie Rekorde aufstellten und Gebiete überquerten, die bisher noch kaum überflogen worden waren. Eine von ihnen, Lady Mary Bailey, die Tochter eines irischen Peers, flog als erste Frau allein von England nach Südafrika. Mit ihrem Leichtflugzeug des Typs Moth von de Havilland überquerte sie den Sudan, folgte dem Ufer des Viktoriasees nach Tanganjika, heute Tansania, und erreichte schließlich Kapstadt. Dort kehrte sie um und flog über Belgisch-Kongo, das heutige Zaire, und die Sahara zurück. In Khartum kreuzten sich ihre Wege mit Lady Heath, der früheren Sophie Eliot-Lynn, die mit einem Avian-Eindecker der Firma Avro den ersten Alleinflug vom Kap der Guten Hoffnung nach Kairo machte. Beide Damen beendeten ihre Flüge wie vorgesehen und spielten ihre Leistungen später herunter. Lady Heath, zu deren Ausrüstung eine Bibel, eine Schrotflinte, mehrere Tennisschläger, sechs Cocktailkleider und ein Pelzmantel gehört hatten, behauptete, die Fliegerei sei „so sicher, daß eine Frau in einem Pariser Modellkleid durch ganz Afrika fliegen und dabei stets eine gepuderte Nase haben kann“.

In den Vereinigten Staaten waren die Kolleginnen dieser bemerkenswerten Frauen hauptsächlich auf Kunstflüge und Flugvorführungen beschränkt, die ihren Mut, aber nicht ihre Leistungsfähigkeit auf die Probe stellten. Zwei der besten amerikanischen Fliegerinnen – Laura Bromwell aus Ohio und Bessie Coleman aus Texas, die als erste Farbige der Welt den Pilotenschein erworben hatte – stürzten auf dem Höhepunkt ihrer Karriere bei Kunstflügen tödlich ab. Andere Frauen wie Ruth Law gaben das Fliegen auf – wegen der damit verbundenen Gefahren und weil immer deutlicher wurde, daß der sich entwickelnde Luftverkehr den Frauen kaum irgendwelche Berufschancen bieten würde. Als Frauen auf beiden Seiten des Atlantiks nach Charles Lindberghs spektakulärer Atlantiküberquerung am 20./21. Mai 1927 Transatlantikflüge unternehmen wollten, sahen sie sich nicht in der Rolle von Pilotinnen, sondern als Geldgeberinnen, die den Flug auf dem Passagiersitz mitmachten.

Der Kampf um die Gleichberechtigung

„Wenn ich mir meine geringsten Wünsche erfüllen kann“, erklärte Bessie Coleman ihrer Familie, „soll es kein Bedauern geben.“ Aber für Bessie Coleman, eine Farbige, die unbedingt fliegen wollte, schienen selbst ihre geringsten Wünsche unendlich weit hinter Barrieren aus rassischen und sexuellen Vorurteilen zu liegen.

Das 1893 in einer armen texanischen Familie geborene Mädchen war eine gute Schülerin. Als sie ihr Collegestudium aus finanziellen Gründen abbrechen mußte, zog sie nach Chicago, wo sie ein kleines Chili-Restaurant eröffnete. Obwohl das Geschäft florierte, war Bessie Coleman unzufrieden, bis sie beschloß, fliegen zu lernen, nachdem sie Luftakrobaten gesehen hatte. Da sie als Negerin von amerikanischen Fliegerschulen abgewiesen wurde, reiste sie mit ihren Ersparnissen nach Frankreich und machte dort ihren Pilotenschein.

Im Jahre 1921 kam sie nach Amerika zurück, um eine Fliegerschule zu eröffnen und „etwas Farbe in die Fliegerei zu bringen“. Sie war der Überzeugung, „nur die Luft [sei] frei von Vorurteilen“, und wollte sie anderen Farbigen zugänglich machen. Die Erfüllung dieses Traumes blieb ihr jedoch versagt, weil sie 1926 in Florida beim Training für eine Flugvorführung abstürzte.

Bessie Coleman steht in einer militärisch aussehenden Fliegerkombination neben einer Nieuport; auf dieser Maschine lernte die erste farbige Pilotin Amerikas in Frankreich fliegen.

Für die Angehörigen und Freunde der Fürstin Löwenstein-Wertheim war es keine Überraschung, daß sie den Ehrgeiz hatte, als erste mäzenatisch gesinnte Passagierin über den Atlantik zu fliegen. Sie war eine Sportlerin, Erfinderin und progressiv eingestellte Frau, deren Begeisterung für die Fliegerei ihren Angehörigen und Freunden seit einigen Jahren unheimlich war. Als sie die *St. Raphael* ausrüsten ließ und den beabsichtigten Transatlantikflug bekanntgab, bemühten sie sich vergeblich, sie davon abzubringen. Ihr späteres Verschwinden löste in der Öffentlichkeit einen Proteststurm gegen „Sensations"- und „Selbstmord"-Unternehmen aus, ohne daß sich andere Frauen von ähnlichen Versuchen hätten abhalten lassen. Zu den bekanntesten unter ihnen gehörten Ruth Elder, eine attraktive 23jährige Frau aus Alabama, und Frances Wilson Grayson, eine reiche, geschiedene New Yorkerin Mitte Dreißig.

Ruth Elder war eine gute Pilotin, wie sie später unter Beweis stellte, als sie 1929 beim ersten Frauenwettfliegen den fünften Platz belegte, bevor sie nach Hollywood ging und als Filmschauspielerin Karriere machte. Aber als sie im August 1927 bekanntgab, sie wolle über den Atlantik fliegen, befand sie sich noch in der Pilotenausbildung. Der eigentliche Pilot sollte ihr Fluglehrer George W. Haldeman sein, wie sie ganz offen eingestand. Obwohl der Flug in erster Linie Werbezwecken diente (die beiden machten Reklame für ein Stinson-Flugzeug des Typs Detroiter, das sie *American Girl* getauft hatten), fand er ein gewaltiges Presseecho, das Frauengruppen auf den Plan rief, die über diesen Versuch, ein hübsches Gesicht zu vermarkten, in helle Empörung gerieten.

Frances Grayson handelte vielleicht aus uneigennützigeren Motiven heraus: Sie wollte beweisen, daß Frauen ebensogut wie Männer über den Atlantik fliegen konnten. Aber auch sie mußte widerstrebend zugeben, daß ihre eigenen Fähigkeiten als Pilotin nicht für diese Aufgabe ausreichten und daß sie eine aus Männern bestehende Besatzung angeheuert hatte. Die beiden Frauen hatten ihre Flugzeuge auf Long Island auf dem Curtiss-Flugplatz stationiert und verfolgten im Herbst 1927 besorgt die Probeflüge der jeweils anderen Besatzung, während sie auf geeignetes Flugwetter warteten. Frances Grayson, die irrtümlicherweise glaubte, daß die in jenen Jahren gebauten Flugzeuge zuverlässig genug seien, um den Atlantik zu jeder Jahreszeit überqueren zu können, war entschlossen, die kürzere nördliche Route zu wählen; Haldeman bevorzugte die südliche Route über die Azoren – eine längere Strecke, auf der andererseits keine Vereisung der Tragflächen zu befürchten war.

George Haldeman und Ruth Elder starteten am 11. Oktober 1927 als erste zum Flug nach Europa und schienen dem Erfolg nahe zu sein, als der heißgelaufene Motor sie nordöstlich der Azoren zur Notwasserung bei einem Frachter zwang, der sie rettete. Die Meldungen über ihr Mißgeschick ließen Frances Grayson kalt: „Die Theorie, daß es eine Saison für Transatlantikflüge gibt, ist falsch, und ich werde sie widerlegen", sagte sie. „Ich werde als erste Frau über den Atlantik fliegen, und meine Maschine wird als einzige nach Lindbergh ihr Ziel erreichen. Ich werde beweisen, daß die Frau mit dem Mann auf dessen ureigenstem Gebiet konkurrieren kann."

Nach einer Zwischenlandung in Maine versuchten sie und ihre Besatzung dreimal, mit ihrem Sikorsky-Amphibienflugzeug *Dawn* von Old Orchard Beach zur Atlantiküberquerung zu starten – und mußten wegen technischer Schwierigkeiten und schlechten Wetters dreimal wieder umkehren. Als der Herbst in den Winter überging, entschlossen sie sich dazu, ihren Startort nach Harbour Grace in Neufundland zu verlegen, wo sie Europa fast 1500 Kilometer näher waren. Zuerst mußten sie nach New York zurück, um das Flugzeug überholen zu lassen. Von dort aus startete die *Dawn* am 23. Dezember 1927 zum Flug nach Neufundland. Die Maschine erreichte nie ihr Ziel, und es wurden auch keine Meldungen aufgefangen, die mit Sicherheit von ihr herrührten. Vermutlich kamen Frances Grayson und ihre Besatzung im sturmgepeitschten Atlantik um.

Erstaunlicherweise gab es trotz der vielen Verschollenen keinen Mangel an Fliegerinnen, die den Atlantik überfliegen wollten. Eine von ihnen, die reiche Amerikanerin Mabel „Mibs" Boll, suchte ein ganzes Jahr lang vergeblich nach einem Piloten, der sie für 25 000 Dollar über den Atlantik fliegen würde, und gab sich schließlich mit einem Flug nach Havanna zufrieden. In England kaufte die Honourable Elsie Mackay eine einmotorige Stinson Detroiter und engagierte den ausgezeichneten Militär-und Verkehrsflieger Hauptmann W. G. R. Hinchliffe als Kopiloten für eine Atlantiküberquerung von Ost nach West. Die beiden starteten im März 1928 von England, kamen jedoch nie ans Ziel.

Trotzdem gaben diese scheinbar zwecklosen Versuche den Anstoß zur glänzendsten Karriere, die einer Pilotin in der Geschichte der Fliegerei beschieden war. Als Geburtshelferin fungierte die reiche Mrs. Guest aus London – eine geborene Amy Phipps aus Pittsburgh –, die im Jahre 1928 von Korvettenkapitän Richard E. Byrd eine dreimotorige Fokker kaufte, sie in *Friendship* umbenannte und einen Piloten engagierte, der sie über den Atlantik fliegen sollte. Als ihre Familie energisch protestierte, erklärte sie sich widerstrebend zum Rücktritt von diesem Projekt bereit – unter der Bedingung, daß „ein amerikanisches Mädchen von der richtigen Sorte" an ihre Stelle trete. Dem Ausschuß, der dieses beispielhafte Mädchen finden sollte, gehörte George Palmer Putnam an, der Verleger so berühmter Fliegerbücher wie Lindberghs *Wir zwei* und Byrds *Himmelwärts*. Einer von Putnams Mitarbeitern fragte Vizeadmiral a. D. Reginald K. Belknap aus Boston, ob er eine Kandidatin vorschlagen könne. „Ja, natürlich, ich kenne eine junge Sozialarbeiterin, die fliegt", antwortete der Admiral. „Rufen Sie im Denison House an, und verlangen Sie Amelia Earhart."

Ruth Elder und George Haldeman erproben ihre neuentwickelten wasserdichten Rettungsanzüge, bevor sie im Jahre 1927 zu einem Transatlantikflug starten. Obwohl der Bruch einer Ölleitung eine Notwasserung ihrer einmotorigen Stinson erzwang, wurden die beiden von einem holländischen Tanker aufgenommen, ohne ihre Anzüge benutzen zu müssen.

Putnam und die anderen Ausschußmitglieder hätten keine bessere Kandidatin finden können. Amelia Earhart, die Tochter eines Eisenbahnsyndikus in Kansas, der seine Karriere durch Trunksucht zugrunde gerichtet hatte, war in Kansas City aufgewachsen. Als sie elf Jahre war, zog die Familie nach Des Moines, Iowa, um – der erste von zahlreichen Umzügen die desto häufiger wurden, je mehr es mit der Familie bergab ging. „Ein rollender Stein setzt kein Moos an, wie jeder weiß", erinnerte sie sich später. „Es ist mein Los gewesen, immerfort unterwegs zu sein."

Wie Amelias jüngere Schwester Muriel Earhart viele Jahre später schrieb, leitete die in Des Moines beginnende Periode „den Verlust unseres materiellen Wohlstandes und den langsamen Zerfall der Familie" ein. Die häuslichen Schwierigkeiten, fügte sie hinzu, „hinterließen bei uns einen unauslöschlichen Eindruck und helfen uns, einige von Amelias Reaktionen und Einstellungen in ihrem späteren Leben zu verstehen". Die ältere Schwester wuchs jedenfalls zu einer unabhängigen, ehrgeizigen jungen Frau heran, die ihr Leben lang den Alkohol haßte.

Im Jahre 1916 absolvierte Amelia Earhart die High School in Chicago und wollte am Bryn Mawr College studieren. Aber ihre Studienpläne

Neben der „American Girl", dem Flugzeug, mit dem sie nach Paris zu fliegen hoffte, hebt Ruth Elder einen fertig gepackten Proviantkorb hoch. Wie sie sagte, hatte sie zwei Gründe für dieses Unternehmen: Sie wolle als erste Frau über den Atlantik fliegen – und sie habe den Wunsch, sich in Paris ein Abendkleid zu kaufen.

zerschlugen sich plötzlich, als sie im Winter 1917/18 ihre Schwester in Toronto besuchte. Der Anblick von Kriegsversehrten, die durch die Straßen humpelten, war für sie solch ein Schock, daß sie einen Schnellkurs des kanadischen Roten Kreuzes mitmachte und bis Kriegsende als Schwesternhelferin im Spadina-Militärlazarett in Toronto arbeitete. Sie half in der Apotheke des Lazaretts aus, machte Betten, gab Essen aus und wurde durch ihre Erfahrungen als Krankenschwester zu einer überzeugten Pazifistin.

Eines Tages besuchte sie den in der Nähe liegenden Flugplatz, um zuzusehen, wie die Militärmaschinen starteten. „Es war November, und auf dem Boden lag bereits Schnee", erinnerte sie sich. „Das Flugzeug startete auf Schneekufen. Der Luftschraubenstrahl schleuderte mir brennenden, beißenden Schnee ins Gesicht. Es war die schönste kalte Dusche, die man sich vorstellen kann. Damals faßte ich den Entschluß, eines Tages eine dieser Teufelsmaschinen fliegen zu lernen."

Im Herbst 1919 nahm Amelia Earhart an der New Yorker Columbia University ein Medizinstudium auf. Nach einem Jahr hatte sie das Gefühl, daß sie doch nicht Ärztin werden wollte, brach daraufhin das Studium ab und zog zu ihren Eltern nach Los Angeles, das sich zum Mittelpunkt der aufstrebenden amerikanischen Flugzeugindustrie entwickelte. Dort übernahm sie alle möglichen Gelegenheitsarbeiten, um ihren Flugunterricht bezahlen zu können. „Die Familie hat mich kaum zu Gesicht bekommen", berichtete sie später. „Ich habe die ganze Woche über gearbeitet und das bißchen Freizeit am Samstag und Sonntag auf dem Flugplatz ein paar Meilen außerhalb der Stadt verbracht."

Sie machte ihren Pilotenschein und nahm an einigen Flugveranstaltungen teil – bei einem stellte sie im Jahre 1922 mit 4300 Meter einen neuen Höhenrekord für Frauen auf. Aber sie „hatte nichts für die Schaufliegerei übrig" und wußte eigentlich nicht recht, was sie mit ihren neuerworbenen fliegerischen Fähigkeiten anfangen sollte. Als ihre Eltern sich 1924 scheiden ließen, zog sie nach Boston und lebte dort zwei Jahre lang als Collegestudentin und Lehrerin. Sie stand drei Monate vor ihrem 31. Geburtstag und war im Denison House, einem Einbürgerungszentrum für Einwanderer, als Sozialarbeiterin tätig, als sie die Einladung erhielt, Mrs. Amy Guest als Passagierin auf einem Transatlantikflug zu vertreten.

Amelia Earhart war sich von Anfang an darüber im klaren, daß sie mit der eigentlichen Führung des Flugzeugs wenig zu tun haben würde. Im Cockpit würden zwei erfahrene Piloten sitzen: Wilmer Stultz und Louis „Slim" Gordon. Obwohl manche ihrer Bewunderer ihre Bereitschaft, den Flug als Passagierin mitzumachen, kritisiert haben, steht fest, daß sie damals keine Instrumentenflugerfahrung besaß und nicht mit mehrmotorigen Flugzeugen vertraut war – beides Voraussetzungen, die nach Ansicht der Geldgeber für den Erfolg des Transatlantikfluges der *Friendship* entscheidend waren. Da sie sich dessen bewußt war, nahm sie die Chance, überhaupt an einem Flug über den Atlantik teilnehmen zu dürfen, dankbar wahr. „Wenn einem ein großes Abenteuer angeboten wird", sagte sie, „schlägt man es nicht aus."

Sie nahm das Angebot im April 1928 an und besichtigte danach das Flugzeug, mit dem sie über den Atlantik fliegen würde. „Als ich die *Friendship* zum erstenmal sah, war sie im Innern einer Flugzeughalle in East Boston aufgebockt. Daneben arbeiteten Mechaniker und Schweißer an den Streben für die Schwimmer, die bald die Räder ersetzen sollten. Die goldfarbenen Tragflächen der Maschine mit ihren zweiundzwanzig Meter Spannweite waren stabil und wunderbar gearbeitet." Das Orangerot des Rumpfes, das „gut zu dem Gold paßte", wie Amelia Earhart feststellte, war nicht aus ästhetischen Gründen gewählt worden, sondern sollte das Flugzeug für den Fall einer Notwasserung möglichst gut sichtbar machen.

Die *Friendship* war Mitte Mai startbereit, aber die Besatzung mußte noch drei Wochen auf gutes Flugwetter warten. Die vorgesehene Passagierin arbeitete weiterhin im Denison House und ließ sich nicht auf dem Flugplatz blicken, weil sie fürchtete, ihr Aufenthalt in der Nähe eines für eine Atlantiküberquerung ausgerüsteten Flugzeugs könnte Reporter auf sie aufmerksam machen und zu einem Wettflug führen. Der geplante Flug wurde so strikt geheimgehalten, daß sie nicht einmal ihren Eltern mitteilte, daß sie nach Europa fliegen würde. Statt dessen schrieb sie ihnen Briefe, die sie trocken als „Abkratz-Briefe" bezeichnete: Abschiedsbriefe, die ihre Lebenseinstellung widerspiegelten und nur abgeschickt werden sollten, falls sie tödlich verunglückte. Ihrer Mutter gegenüber gab sie ihrer Überzeugung Ausdruck, daß man mit einem gewissen Maß an Risiko leben und sich ihm sogar bewußt aussetzen müsse. „Unsere Familie neigt zu allzu großer Sicherheit. Mein Leben ist wirklich sehr glücklich gewesen, und es macht mir nichts aus, in seiner Mitte ans Ende zu denken." In dem Brief an ihren Vater

Die frühen Jahre eines Wildfangs

Um die Jahrhundertwende waren Edwin und Amy Earhart in Kansas vernarrt in ihre zu allen Streichen aufgelegten Mädchen Amelia und Muriel. Earhart schenkte ihnen Rugbybälle und Gewehre, während seine Frau ihre Mitbürger dadurch schockierte, daß sie den beiden Turnkleidung statt Röcke anzog. Die Vorliebe der Töchter für rauhe Sportarten und für die Rattenjagd rief überall Entrüstung hervor.

Amelias Eltern übten nie irgendwelchen Druck auf die Heranwachsende aus, selbst als sie sich in männlichen Domänen wie Naturwissenschaften und Automechanik versuchte. Aber als sie im Jahre 1920 auf einem Flugtag mitfliegen durfte und mit dem Vorsatz nach Hause kam, um jeden Preis fliegen zu lernen, zögerten selbst ihre aufgeschlossenen Eltern. Sie gaben jedoch bald nach, und Amelia flog innerhalb weniger Monate eine Kinner Airster, die sie mit finanzieller Hilfe ihrer Mutter gekauft hatte.

Amelia wurde im Haus ihrer Großeltern in Atchison, Kansas, 1897 geboren.

Die sechsjährige Amelia (vorn rechts) begeht den Nationalfeiertag mit einer Party, die das soziale Klima in Kansas illustriert.

Amelia (Mitte) und Muriel (vorne links) mit ihren Eltern (rechts) auf Besuch bei den Großeltern mütterlicherseits in Atchinson.

Edwin Earhart genießt ein mit seiner Stellung als leitender Angestellter verbundenes Privileg, indem er mit Amelia, Muriel und dem Koch der Familie (rechts) in einem Sonderwagen der Eisenbahngesellschaft nach Atchison fährt.

Als freiwillige Schwesternhelferin im Ersten Weltkrieg trägt Amelia Earhart die übliche Schwesterntracht, während sie in einem Militärlazarett in Toronto Verwundete pflegt.

Am College belegte Amelia (dritte von rechts) einen Kurs für Automechaniker.

Um sich das Geld für Flugstunden zu verdienen, kleidet Amelia Earhart sich geschäftlich seriös und arbeitet bei einer Telephongesellschaft in Los Angeles.

1923 sonnen die Schwestern sich am Strand im kalifornischen Santa Monica im Erfolg: Amelia (rechts) hat ihren Pilotenschein gemacht, und Muriel hat das Lehrerinnenexamen bestanden.

Amelia Earhart mit ihrer Fluglehrerin Neta Snook (links) vor einer Kinner Airster, auf der sie fliegen lernte. Die beiden Frauen wurden Freundinnen, flogen oft miteinander und gingen gemeinsam mit ihren Freunden aus.

gab sie sich unbeschwert: „Ein Hurra für das letzte große Abenteuer! Ich vertraue nicht mehr darauf, daß wir uns irgendwo wiedersehen werden, aber ich wollte, es wäre möglich. Deine Dich liebende Tochter Mill."

Bevor die *Friendship* am 3. Juni 1928 abflog, lieh sich das weibliche Besatzungsmitglied von einem Freund eine warme, pelzgefütterte Fliegerkombination, ohne ihm jedoch zu erklären, wofür diese gebraucht wurde. Das Flugzeug startete in der Morgendämmerung mit Stultz am Steuerknüppel vom Bostoner Hafen aus. „Der Traum wurde Wirklichkeit", schrieb Amelia Earhart später. „Wir sind unterwegs!"

Die *Friendship* sollte nach Trepassey in Neufundland fliegen, dort nachtanken und zu der längeren Etappe des Transatlantikflugs starten. Schlechtes Wetter erzwang eine Zwischenwasserung in Halifax und hielt die Besatzung später fast zwei Wochen lang in Trepassey fest. George Putnam, der weiter aktiv an den Vorbereitungen für den Flug beteiligt gewesen war, empfahl Amelia Earhart in einem Telegramm: RUHEN SIE SICH AUS, UND GEBEN SIE IHRE SACHEN IN DIE WÄSCHEREI. Sie telegraphierte zurück, das sei unnötig: SOCKEN, UNTERWÄSCHE ABGETRAGEN. HEMD BEIM ROMMÉ AN SLIM VERLOREN. Sie unterzeichnete das Telegramm mit AE – eine Abkürzung, die zu ihrem Markenzeichen werden sollte.

Als die *Friendship* endlich am 17. Juni 1928 von Trepassey aus startete, verlief der Flug selbst fast deprimierend. Die dreimotorige Maschine brummte stundenlang durch eine feuchte graue Welt und flog unter der bis auf 150 Meter absinkenden Wolkendecke einmal so tief, daß die Gischt der Wogenkämme beinahe die Schwimmer bespritzte. AE führte in einer kleinen Kabine hinter den Zusatztanks das Bordbuch. Von Zeit zu Zeit wechselte sie mit Gordon die Plätze, um die wunderbaren Wolkenformationen vom Kopilotensitz aus bewundern zu können. Mit charakteristischer Selbstironie hielt sie fest, daß sie „vom Knien ganz wunde Knie bekommen habe, während ich all diese Schönheit in mich hineintrinke".

Bei Tagesanbruch hatte der übermüdete Stultz seit 19 Stunden am Steuerknüppel gesessen, bekam keine Funkverbindung mehr und kannte nicht mehr den genauen Standort. Als der Treibstoffvorrat ungefähr noch für eine Stunde reichte, sichtete er einen Ozeandampfer und umkreiste ihn, während AE einen mit einer Orange beschwerten Beutel abwarf, der einen Zettel mit der Bitte enthielt, Steuerkurse aufs Oberdeck zu malen. Der Beutel verfehlte das Schiff; die *Friendship* flog weiter.

Eine halbe Stunde später sichtete Stultz Fischerboote und dann eine Küste, vor der er in einer geschützten Bucht glatt wasserte. Es zeigte sich, daß die *Friendship* bei schlechten Sichtverhältnissen ganz Irland überflogen hatte und bei Burry Port in Wales gewassert war. Der Transatlantikflug hatte 20 Stunden und 40 Minuten gedauert.

Dieser Erfolg machte Amelia Earhart zu einer Berühmtheit. Aber sie genoß ihre Rolle keineswegs, denn sie wußte recht gut, wie wenig sie zum Erfolg des Unternehmens beigetragen hatte. „Ich habe nur auf dem Bauch gelegen und die Wolken photographiert", stellte sie trocken fest. Trotzdem galt sie als der Star des Unternehmens, während die beiden Piloten praktisch ignoriert wurden. Präsident Calvin Coolidge schickte ihr ein Glückwunschtelegramm, auf das sie prompt antwortete: ERFOLG GÄNZLICH VERDIENST DES GROSSEN KÖNNENS VON MR. STULTZ.

Aber sie kämpfte einen vergeblichen Kampf. „Von Anfang an war offensichtlich", schrieb sie, „daß der Zufall, daß ich eine Frau war, mich zur Hauptdarstellerin unserer speziellen Episode machte." Die beiden ersten

Nachdem Amelia Earhart als erste Frau über den Atlantik geflogen ist, wirft sie einen Blick aus der „Friendship" (oben), während das Wasserflugzeug durch den Hafen von Southampton geschleppt wird. Links werden die Flieger von ihrer Geldgeberin, Mrs. Amy Guest (links), an Land gebracht. Oben eine Plakette zu Ehren der drei Transatlantikflieger.

Wochen nach ihrer Ankunft waren „ein Durcheinander von Teeparties, Theatervorstellungen, Reden, Tennisturnieren, Polo und Parlament, dazwischen Hunderte von Gesichtern um uns herum“. Zu Hause in den Vereinigten Staaten wurden die Flieger von 32 Städten zu offiziellen Besuchen eingeladen, wobei das einzige weibliche Besatzungsmitglied erneut die Hauptrolle spielte. Sie wurde mit Aufforderungen, Reden zu halten, und Stellenangeboten überschüttet.

Tatsächlich hätten die Geldgeber des Transatlantikfluges keine klügere Wahl treffen können, als sie Amelia Earhart aus der Sozialarbeit rissen und in die vorderste Linie der amerikanischen Fliegerei brachten. Sie war intelligent und redegewandt, aber angenehm bescheiden und besaß die geheimnisvolle Anziehungskraft, die so oft eine Rolle spielt, wenn jemand zum Idol der Massen wird. Der Presse fiel ihre Ähnlichkeit mit Lindbergh rasch auf – zu ihrem Entsetzen gaben die Reporter ihr den Namen „Lady Lindy“ –, aber ihr Aussehen und ihr Auftreten waren durchaus eigenständig. Obwohl sie geglaubt hatte, ein Allerweltsgesicht zu haben, waren ihr berühmtes Lächeln und ihr Wuschelkopf bald überall bekannt. Sie brachte eine neue Mode auf mit ihren Maßhosen, ihren schlichten Kleidern, zu denen sie lediglich eine einreihige Perlenkette trug, und vor allem mit ihrem kurzen Wuschelhaar – ein Erkennungszeichen, das im Laufe der Jahre so verbreitet war, daß der Chefredakteur William Allen White in Kansas sie in einem Leitartikel aufforderte: „Kämm dich, Mädchen, kämm dich!“

Sie war berühmt – aber alles andere als zufrieden. Am Anfang einer Karriere, die ohne den glücklichen Zufall mit dem *Friendship*-Flug nie möglich gewesen wäre, mußte sie noch beweisen, daß sie zu mehr als nur zur Passagierin taugte. Sie gestand betrübt ein, daß gewisse Pressekommentare, wie zum Beispiel der des Londoner *Evening Standard,* zutrafen; danach hatte ihre Anwesenheit an Bord der *Friendship* nicht mehr zu dem Erfolg des Unternehmens beigetragen, als wenn ein Schaf den Transatlantikflug mitgemacht hätte.

Trotzdem hatte sie mit ihrem Flug einen nicht näher greifbaren Erfolg erzielt, der ihr erst allmählich klar wurde. Er weckte nicht nur das Interesse

Zehn Teilnehmerinnen des Frauenwettfliegens 1929 stellen sich hinter den Pokalen auf, um die sie konkurrieren sollen. Von links nach rechts: Louise Thaden, Bobbi Trout, Patty Willis, Marvel Crosson, Blanche Noyes, Vera Walker, Amelia Earhart, Marjorie Crawford, Ruth Elder und Florence „Pancho“ Barnes.

von Frauen für die Fliegerei, sondern setzte den Pilotinnen zugleich ein Ziel, das es zu übertreffen galt. Wenn eine Frau den Atlantik als Passagierin überquert hatte, mußte die nächste Pilotin ihn im Alleinflug bezwingen. In Amelia Earhart hatten die Frauen ein Vorbild und eine Fürsprecherin gefunden, die im Lauf der Jahre immer wortgewandter für sie eintrat. Anfangs sprach sie sich vor allem für eine aktive Beteiligung der Frauen an der Luftfahrt aus, unterstrich den ernstzunehmenden Beitrag, den sie leisten konnten, und beklagte das Kunstfliegen, durch das Frauen ihrer Ansicht nach zu bloßen Zirkusakrobatinnen wurden. Später trat sie energisch für die Frauenrechte im allgemeinen ein: Sie wollte nicht, daß Frauen verhätschelt oder diskriminiert wurden, und fügte hinzu, daß „der Hinweis auf das Geschlecht schon viel zu lange als Ausflucht benutzt worden" sei.

Es war kein Zufall, daß ein Jahr nach dem Flug der *Friendship* im kalifornischen Santa Monica 20 Flugzeuge bei einem Wettbewerb starteten, mit dem nach Amelia Earharts Darstellung „eine gemeinsame Aktivität von Fliegerinnen begann". Es handelte sich dabei um das Frauenwettfliegen, den ersten für Pilotinnen ausgeschriebenen Überlandflug, mit dem die Nationalen Luftrennen des Jahres 1929 eröffnet werden sollten. Die Teilnehmerinnen mußten einen Pilotenschein haben und mindestens 100 Stunden Alleinflug nachweisen können. Nach Amelia Earharts Schätzung erfüllten in ganz Amerika nur 30 Frauen diese Bedingungen – ein Beweis für den schweren Stand, den Frauen im Flugwesen hatten. Fast zwei Drittel der in Frage Kommenden nahmen an dem Wettflug teil.

Auch AE gehörte zu den Teilnehmerinnen – gemeinsam mit den meisten Frauen, die später in den dreißiger Jahren zu den bekanntesten Pilotinnen gehören sollten. Aus dem Ausland kamen die deutsche Kunstfliegerin Thea Rasche und die Australierin Jessie Miller, die vor kurzem als Kopilotin eine fünf Monate dauernde und 20 000 Kilometer lange Odyssee von London nach Darwin in Australien hinter sich gebracht hatte. Zu den amerikanischen Fliegerinnen gehörten Ruth Elder, die mit der *American Girl* bis zu den Azoren gekommen war; die ehemalige Schauspielerin Blanche Noyes, die bei ihrem Mann, dem Postflieger Dewey Noyes, fliegen gelernt hatte; die Fallschirmspringerin und Chefin einer Fliegerschule Phoebe Fairgrave Omlie; Marvel Crosson, eine trotz ihrer Jugend erfahrene Berufspilotin aus Alaska; die in Hollywood tätige Kunstfliegerin Florence „Pancho" Barnes; die Langstreckenfliegerin Ruth Nichols; die Kalifornierin Gladys O'Donnell, die durch ihre Erfolge bei Rundstreckenflügen bekannt geworden war; die Dauerfliegerin Bobbi Trout – und Louise Thaden, die damals die Dauer-, Höhen- und Streckenrekorde für Frauen hielt.

Die Zeitungen nannten sie Petticoat-Piloten, Ladybirds und Fliegende Backfische, und der Humorist Will Rogers war beim Start des Rennens, dem er und andere den Spitznamen „Puderquasten-Derby" gegeben hatten, mit trockenen Bemerkungen bei der Hand. Eine unter Männern vorgenommene Meinungsumfrage zeigte damals, daß Pilotinnen als zu gefühlsbetont, eitel, unbeständig und frivol galten – eine Gefahr für sich selbst und andere.

Das Frauenwettfliegen widerlegte alle diese Mutmaßungen. Es war als Ausdauertest wie auch als Wettflug angelegt und wurde in neun Tagesetappen absolviert. Der Start sollte am 18. August 1929, einem Sonntag, auf dem Flugplatz Clover in Santa Monica stattfinden und das Rennen am 26. August, einem Montag, vor der Haupttribüne auf dem städtischen Flughafen von Cleveland beendet sein. Geflogen wurde nur zwischen Sonnenaufgang und Sonnenuntergang; zu bewältigen waren

4500 Kilometer, das heißt 500 Kilometer pro Tag mit vorgeschriebenen Zwischenlandungen, die Ruhe- und Tankpausen zugleich waren.

Die Strecke war nicht leicht. Die Pilotinnen flogen über eine Woche lang „tief und mit Vollgas“, wie AE es ausdrückte, und orientierten sich auf ihrem Flug über Wüsten, Gebirge und Prärie durch Koppelnavigation. Ihre Navigationshilfen bestanden aus Magnetkompassen, Flugsicherungskarten und Rand-McNally-Straßenkarten. Außerdem hatte jede Pilotin vier Liter Trinkwasser und einen Dreitagevorrat an Malzmilchtabletten und Dörrfleisch bei sich, um im Fall einer Notlandung in unwegsamem Gelände davon leben zu können.

Louise Thaden, die strahlende Siegerin des ersten Frauenwettfliegens, eines Überlandflugs, winkt triumphierend aus ihrer Travel Air J-5, während ihre Maschine auf dem städtischen Flughafen von Cleveland vor die Haupttribüne geschoben wird. Die erst 23jährige Pilotin hatte bereits mehrere Geschwindigkeits-, Dauer- und Höhenweltrekorde für Frauen gebrochen.

Die Müdigkeit war am gefährlichsten, wie sich Amelia Earhart erinnerte. Die Teilnehmerinnen, die jeweils schon um 4 Uhr aufstanden und bis 6 Uhr starteten, mußten nicht nur die jeweilige Tagesetappe bewältigen, sondern sich auch der neugierigen Zuschauer erwehren. Bei Zwischenlandungen mußten die Pilotinnen Autogramme geben, unzählige Fragen beantworten und ihre Flugzeuge vor einheimischen Flugbegeisterten schützen, die den Reifen einen prüfenden Fußtritt versetzen oder vielleicht sogar mit einem Regenschirm durch die Tragflächen stochern wollten, um ihre Dicke zu messen. Trotzdem gerieten nur wenige Fliegerinnen aus dem Gleichgewicht – sei es auf der Erde oder in der Luft. Am fünften Tag flog Blanche Noyes in 1000 Meter Höhe über die Wüste im Westen von Texas, als sie entdeckte, daß der Gepäckraum hinter ihr in Flammen stand. Sie landete prompt – wobei ein Rad im dichten Mesquite-Unterholz beschädigt wurde – und löschte den Brand, indem sie die Flammen mit Sand erstickte. Danach gelang ihr der Wiederstart trotz des beschädigten Rades – obwohl sie sich das später selbst nicht erklären konnte.

Andere Pilotinnen kamen durch Windversetzung vom Kurs ab, hatten nicht genug Treibstoff oder mußten wegen eines Motorschadens notlanden. Bobbi Trout überschlug sich bei einer Notlandung auf einem frisch gepflügten Acker in Kalifornien und kletterte erstaunlicherweise mit heiler Haut aus ihrer zertrümmerten Maschine. Ebensoviel Glück hatte Florence Barnes, die bei der Landung in Pecos, Texas, ein geparktes Auto streifte und dennoch die Absturzstelle unverletzt verlassen konnte. Margaret Perry aus Beverly Hills flog zwei Tage mit hohem Fieber weiter, bis sie in Fort Worth, Texas, aufgab, wo sie mit typhoidem Fieber ins Krankenhaus eingeliefert wurde. Ruth Nichols wurde von einer heftigen Bö erfaßt, die ihr Flugzeug in Columbus, Ohio, gegen eine neben der Landebahn stehende Zugmaschine warf, so daß sie aufgeben mußte.

Obwohl die Pilotinnen Hunderte von Flugstunden in ihren schwer zu fliegenden Maschinen zubrachten, forderte der Wettflug nur ein – an sich vermeidbares – Todesopfer. In den kahlen Bergen am Gila River im Südwesten Arizonas sprang Marvel Crosson in zu niedriger Höhe aus ihrem defekten Flugzeug und fand augenblicklich den Tod, als sie mit ihrem erst teilweise geöffneten Fallschirm auf dem Boden aufschlug.

Die Reaktion der Öffentlichkeit war vorherzusehen. Tödliche Unfälle bei Männerwettbewerben galten als Berufsrisiko, aber bei Frauen waren sie ein Beweis für die Unfähigkeit der Teilnehmerinnen. „Frauen haben schlüssig bewiesen, daß sie nicht fliegen können", behauptete eine Schlagzeile. Auch der Abbruch des Rennens wurde gefordert, aber die Wettbewerbsleitung lehnte diese Forderung ab.

Von den 20 Pilotinnen, die ins Rennen gegangen waren, landeten 15 in Cleveland. Louise Thaden als Siegerin verwies Gladys O'Donnell und Amelia Earhart auf die Plätze zwei und drei. Louise Thaden erinnerte sich, wie sie die anderen Flugzeuge über die Ziellinie donnern sah, bis schließlich „eine glänzende Reihe von Tragflächen vor der langen Haupttribüne in der Sonne leuchtete". Ein stolzer, aber zugleich auch ein trauriger Anblick, wie sie befand: „Da standen wir nun – eine unschlüssige, ziellose Gruppe, jetzt, wo das Rennen zu Ende war."

Aber sie blieben nicht lange ohne ein Ziel. Zwischen den Fliegerinnen waren Bindungen entstanden, die bald ihren förmlichen Ausdruck fanden: Am 2. November 1929 kamen vier Frauen, die an dem Wettfliegen teilgenommen hatten, auf dem Curtiss-Flugplatz in Valley Stream, Long

Ein Titelbild von „The 99er", der ersten Zeitschrift von, für und über Fliegerinnen, zeigt Mary Riddle, damals die einzige indianische Pilotin. „The 99er" wurde von den „Neunundneunzigern" herausgegeben, einer Vereinigung amerikanischer Pilotinnen, deren erste Vorsitzende 1929 Amelia Earhart wurde.

Island, mit 22 weiteren Pilotinnen zusammen, um eine Vereinigung von Pilotinnen zu gründen, die den Namen „Neunundneunziger" erhielt.

Dieser Name wies auf die Zahl der Gründungsmitglieder hin: 99 Pilotinnen traten der Vereinigung sofort bei. Vor allem dieser Organisation, die es sich zum Ziel gesetzt hatte, Frauen bessere Chancen in der Luftfahrt zu erschließen, war es zu danken, daß Pilotinnen in den dreißiger Jahren gleichberechtigt an den Nationalen Luftrennen und sonstigen Wettflügen teilnehmen konnten. Schließlich wurde eine internationale Vereinigung daraus, die sich rühmen konnte, praktisch alle führenden Pilotinnen der damaligen Zeit zu ihren Mitgliedern zu zählen.

Mindestens vier Gründungsmitglieder der „Neunundneunziger" interessierten sich über nationale Wettflüge hinaus für eine mögliche Atlantiküberquerung. Amelia Earhart gehörte selbstverständlich zu ihnen. Eine weitere Mitbewerberin war die New Yorkerin Elinor Smith, deren Mut und Zähigkeit bei Höhenflügen geradezu legendär waren: Einmal verlor sie in 7600 Meter Höhe das Bewußtsein, als ihr Sauerstoffschlauch riß; sie stürzte fast siebentausend Meter tief ab, bevor sie knapp 600 Meter über dem

Boden wieder zu sich kam. Wie Amelia Earhart war sie entschlossen, den Atlantik im Alleinflug zu bezwingen, und schmiedete Pläne für diesen Flug. Aber aus Geldmangel konnte sie ihr Vorhaben nicht verwirklichen – ebensowenig wie die Deutsche Thea Rasche, die zuversichtlich war, daß ihr der erste Alleinflug einer Pilotin über den Atlantik gelingen würde, bis es zu Meinungsverschiedenheiten mit der hinter ihr stehenden Firma kam.

Amelia Earharts bedeutendste Konkurrentin im Wettbewerb um den ersten Transatlantikflug einer Pilotin war die unermüdliche Ruth Nichols, die keinen Geringeren als den bekannten Polarforscher Korvettenkapitän Richard E. Byrd mit ihrem „unbezähmbaren Schneid" beeindruckte. Byrd vermerkte mit Staunen, daß Ruth Nichols nach jedem Rückschlag „wieder aufstand und es noch mal versuchte".

In den Jahren, in denen sie aktiv war, überlebte sie bei Wettflügen sechs schwere Flugunfälle und flog in zahlreichen Fällen nur haarscharf am Tode vorbei. Es gab keine Karriere – mit Ausnahme jener von Amelia Earhart –, die den jungen Fliegerinnen ein besseres Beispiel für das Durchhalten unter widrigen Umständen hätte geben können. Obwohl Ruth Nichols finanziell besser gestellt war als die meisten anderen Pilotinnen – ihr Vater war ein New Yorker Börsenmakler –, stand sie auch unter größerem Druck, die Fliegerei zugunsten einer konventionellen gesellschaftlichen Karriere aufzugeben. Trotzdem hatte ihr Vater, ohne es zu wollen, den Anstoß zu ihrer fliegerischen Laufbahn gegeben. Als Belohnung dafür, daß seine Tochter die Miss Master's School in Dobbs Ferry, New York, absolviert hatte, nahm er sie 1919 zu einem Flugtag in Atlantic City, New Jersey, mit und ließ sie einen Zehnminutenflug in einem offenen Flugzeug machen. Das genügte bereits: „Seitdem bin ich nicht wieder auf den Boden zurückgekehrt", schrieb sie viele Jahre später in ihrer Autobiographie.

Anstatt in der New Yorker Gesellschaft zu debütieren, wie die Familie geplant hatte, verschob sie ihr Debüt um zwei Jahre und begann am Wellesley College ein Medizinvorstudium. Während einer einjährigen Studienunterbrechung flog sie in Miami in einem Wasserflugzeug mit und durfte eine Zeitlang selbst steuern. Sie war von dem Gefühl begeistert, daß „die Kraft meiner eigenen Hände diese wilde und wunderbare Maschine bändigte", und ließ sich von dem Piloten, einem Luftakrobaten namens Harry Rogers, ausbilden. Sie machte ihren Pilotenschein unmittelbar nach Abschluß ihres Vorstudiums am Wellesley College und ließ sich von ihrer Familie dazu überreden, weder Medizin zu studieren noch Berufspilotin zu werden. Statt dessen nahm sie eine Stellung in einer Bank an.

Ruth Nichols wurde in eine Fliegerlaufbahn hineinkatapultiert, als Harry Rogers sie einlud, ihn als Kopilotin auf einem Flug nach Miami zu begleiten. Sie nahm gerne an. Die beiden schafften die Strecke New York–Miami in der Rekordzeit von zwölf Stunden, und Ruth Nichols war plötzlich berühmt – wie Amelia Earhart nach dem *Friendship*-Flug –, nur weil sie eine Frau war. Sehr charakteristisch für die damalige Presseberichterstattung über den Flug war die Schlagzeile „Fliegende Debütantin schafft ersten Luftsprung New York–Miami".

Die Tatsache, daß sie so bekannt war, verschaffte ihr einen Werbevertrag mit der Fairchild Airplane and Engine Company. Von diesem Zeitpunkt an – sie war damals 27 Jahre alt – konnte sie von der Fliegerei leben. Mit dem Weitblick und der Zielstrebigkeit, die für sie charakteristisch waren, machte Ruth Nichols sich an die Vorbereitung der Flüge, die ihr als Training für den Transatlantikflug dienen sollten.

Amelia Earhart erscheint in dieser Anzeige aus dem Jahre 1928, die auf ihre Berühmtheit als erste Atlantikfliegerin baute.

Eine Anzeige von 1939 mit Betty Huyler Gillies, einer bekannten Berufspilotin, unterstreicht, daß die Fliegerin drei Kinder hat. Dadurch wurde suggeriert: Wenn Hausfrauen schon keine Berühmtheiten wie Betty Gillies werden konnten, konnten sie ihr zumindest nacheifern, indem sie sich eine Zigarette anzündeten.

Auf diesem Aquarell biegen sich die Bäume im Sog von Florence Barnes' Flugzeug, mit dem sie 1930 einen Geschwindigkeitsweltrekord aufstellte. Die Union Oil Company warb oft mit Pilotinnen, darunter auch Louise Thaden.

Vermarktungen eines plötzlichen Ruhms

Pilotinnen, die in den luftfahrtbegeisterten zwanziger und dreißiger Jahren Rekorde aufstellten oder Rennen gewannen, waren augenblicklich berühmt und wurden von Firmen mit Angeboten bestürmt, für ihre Erzeugnisse zu werben. Viele Fliegerinnen machten Reklame für Benzinmarken oder Zündkerzen – Produkte, die mit der Fliegerei zu tun hatten. Manche berühmte Pilotinnen warben aber auch für Artikel aus anderen Wirtschaftsbereichen.

Gelegentlich erwies eine Werbung sich als Bumerang für die Pilotin. Amelia Earhart erschien in einer Lucky-Strike-Anzeige, obwohl sie Nichtraucherin war. Sie beschwichtigte ihr Gewissen damit, daß sie nicht behauptete, diese Zigaretten geraucht zu haben, und indem sie ihr Honorar von 1500 Dollar Korvettenkapitän Richard E. Byrd für eine Antarktisexpedition spendete. Trotzdem waren viele Amerikaner über diese Verbindung ihrer Heldin mit Tabak entsetzt, und die Zeitschrift *McCall's* zeigte ihre Unzufriedenheit dadurch, daß sie Amelia Earhart als Luftfahrtredakteurin entließ.

Ende 1930 brach sie den Geschwindigkeitsrekord für Frauen auf der transkontinentalen Strecke von der amerikanischen Ost- zur Westküste, machte dort mit ihrer geliehenen Lockheed Vega kehrt und brach den Rekord auch auf der West-Ost-Strecke. Dann baute sie alles Entbehrliche aus der Maschine aus, zog lange Unterwäsche, vier Pullover, eine Fliegerkombination, Stiefel und Handschuhe an und startete am 6. März 1931 in Jersey City, um den Höhenweltrekord für Frauen anzugreifen.

Ihre Sauerstoffversorgung war bemerkenswert einfach: „Wir hatten nicht genug Geld, um eine richtige Anlage zu kaufen, deshalb nahm ich einfach eine normale Sauerstofflasche, schloß einen Gummischlauch an und saugte den Sauerstoff direkt aus der Flasche." Das Gefährliche daran war, daß die nicht isolierte Gasflasche rasch abkühlte, als die Außentemperatur sank, so daß Ruth Nichols in 6000 Meter Höhe Sauerstoff einsaugte, der auf –50° Celsius abgekühlt war. Ihre Mundfeuchtigkeit fror ein, so daß ihre Zunge taub wurde, was ihr, wie sie später zugab, „starke Schmerzen wie auch große Sorgen bereitete". Aber sie ließ sich auch dadurch nicht von ihrem Vorhaben abbringen, sondern stieg weiter in den dunkelblauer werdenden Himmel hinein, bis sie ihr Benzin bis auf einen Reservetank mit 20 Liter Inhalt verbraucht hatte. Dann setzte der Motor plötzlich aus, so daß Ruth Nichols 1500 Meter weit wie ein Stein abstürzte, wobei ihr beinahe das Trommelfell geplatzt wäre. Als sie mit fast leerem Tank landete und die Glückwünsche zu dem neuen Höhenweltrekord entgegennahm, den sie mit 8761 Meter aufgestellt hatte, mußte sie feststellen, daß sie mit ihrer vor Kälte gelähmten Zunge nicht sprechen konnte.

Ruth Nichols, deren Markenzeichen eine auffällige purpurfarbene Fliegerkombination mit gleichfarbigem Helm war, stellte als nächstes mit 339 Stundenkilometern einen neuen Frauenrekord auf der Dreikilometerstrecke auf und überbot damit Amelia Earharts alten Rekord um fast 50 Stundenkilometer. 1931 war sie höher und schneller als jede andere Frau geflogen. Sie war bereit, das Atlantikabenteuer zu wagen.

Die Lockheed wurde mit Zusatztanks und den neuesten Navigationsgeräten ausgerüstet. Sie erhielt den Namen *Akita* – ein indianisches Wort, das „entdecken" heißt. Am 22. Juni 1931 flog Ruth Nichols von New York nach Saint John, Neu-Braunschweig, um dort für den Weiterflug nach Harbour Grace in Neufundland zu tanken. Von Neufundland aus wollte sie nach Paris weiterfliegen. Nach vier Flugstunden war sie über dem Flugplatz von Saint John, der zwischen Klippen und Hügeln in einer winzigen Senke lag.

Ein Blick auf die sehr kurze Landebahn zeigte ihr, daß es darauf ankam, steil über die bewaldeten Hügel zur Landung einzuschweben und die mit hoher Geschwindigkeit landende Lockheed unmittelbar nach dem Aufsetzen abzubremsen. Sie verschätzte sich dabei, versuchte durchzustarten, als das Landebahnende näher kam, und raste gegen einen Hügel.

Aus dem Krankenhaus in Saint John schickte sie ihrer Mutter ein beruhigendes Telegramm: ICH HAB MIR NUR DEN RÜCKEN GEZERRT UND BRUCH GEMACHT. SONST ALLES IN ORDNUNG. BRUCH TUT MIR SCHRECKLICH LEID. SCHAFFE ES NÄCHSTESMAL. ALLES LIEBE, RUTH.

In Wirklichkeit hatte sie sich fünf Rückenwirbel gebrochen und erhielt für ein Jahr Flugverbot. Aber sie kümmerte sich nicht darum. Während sie zu Hause unbeweglich in Gips liegen mußte, überwachte sie die Instandsetzung der *Akita* und schmiedete bereits Pläne für einen zweiten Versuch. Nach einem Monat fuhr sie 13 Stunden lang mit ihrem Auto, um zu beweisen, daß sie für einen Flug nach Paris fit war.

Dieses Porträt, das kurz nach ihrem Transatlantikversuch im Jahre 1931 in einer Zeitschrift erschien, zeigt Ruth Nichols heiter und entschlossen zugleich in ihrer speziell angefertigten Fliegerkombination. Sie hatte den Industriellen Powel Crosley aus Cincinnati durch Bitten und Argumente dazu gebracht, ihr seine Lockheed Vega für den Flug zur Verfügung zu stellen.

Ruth Nichols' Freund und Mentor Clarence Chamberlin (auf der Tragfläche der Maschine) begutachtet die Schäden an der geliehenen Vega, nachdem der Transatlantikflug mit einer Bruchlandung in Neubraunschweig in Kanada vorzeitig zu Ende gegangen war. Die nach dem schweren Unfall ins Krankenhaus eingelieferte Pilotin erklärte ihrem Arzt: „Ich muß hier sofort raus. Ich muß über den Atlantik fliegen!"

Im September war Ruth Nichols erneut startbereit. Obwohl sie noch ihren Gips trug, studierte sie täglich die Wetterberichte und wartete auf gutes Wetter. In Paris regnete es 25 Tage hintereinander. Als der September in einen stürmischen Oktober überging, verschob sie ihren geplanten Transatlantikflug widerstrebend und beschloß statt dessen, den von der französischen Pilotin Maryse Bastié mit 2975 Kilometern gehaltenen Streckenweltrekord mit einem Nonstopflug von Kalifornien nach New York zu überbieten.

Sie flog in bequemen Etappen nach Kalifornien, ließ ihre Maschine auf dem Flughafen Oakland überprüfen und betanken und startete nach New York. Obwohl sie keinen Gips mehr trug, steckte sie in einem Stahlkorsett, das von den Achseln bis unter die Hüften reichte. Es war „die reinste Zwangsjacke", wie Ruth Nichols sich später erinnerte. Wenn sie nicht mehr sitzen konnte, griff sie nach zwei Halteschlaufen, die über ihr von der Cockpitdecke herabhingen, schob die Arme durch die Schlaufen und konnte so für kurze Zeit ihr überanstrengtes Rückgrat entlasten.

Östlich von Chicago hatte sie gegen starken Seitenwind und schlechte Sichtverhältnisse anzukämpfen, die eine Navigation durch Erdsicht unmöglich machten. Da sie die Orientierung verloren hatte, beschloß sie, auf dem nächsten Flugplatz zu landen – in diesem Fall Louisville, Kentucky. Sie hatte zwar ihr eigentliches Ziel nicht erreicht, aber sie war 3180 Kilometer weit geflogen und hatte damit immerhin Maryse Bastiés Weltrekord um über 200 Kilometer verbessert.

Beim Start am nächsten Tag entzündete sich am heißen Abgasrohr Treibstoff, der aus einem leckgewordenen Ventil austrat. Sofort stand der Rumpf in Flammen. Obwohl Ruth Nichols durch ihr Stahlkorsett und einen

Rückenfallschirm behindert war, gelang es ihr irgendwie, die Maschine abzubremsen und zum Stehen zu bringen, auf eine Tragfläche zu klettern und sich mit einem Sprung in Sicherheit zu bringen, bevor der Treibstofftank explodierte. Dabei wurde die *Akita* völlig zerstört – und mit ihr der Traum von einem Flug nach Paris.

Die einzige ernsthafte Bewerberin war jetzt Amelia Earhart. In den Monaten nach dem Frauenwettfliegen hatte AE mehrere Geschwindigkeitsrekorde mit ihrer Lockheed Vega aufgestellt und auf Vorträgen für die Luftfahrt geworben, indem sie einem breiten Publikum in allen Teilen Amerikas die Zweckmäßigkeit des Fliegens vor Augen stellte. Für das Magazin *Cosmopolitan,* das sie als Luftfahrtredakteurin eingestellt hatte, schrieb sie jeden Monat einen Artikel mit Titeln wie „Können Sie unbesorgt fliegen?“ und „Was Miss Earhart denkt, wenn sie fliegt“. Durch ihre Einkünfte aus Produktwerbung *(S. 60–61)* und schriftstellerischer Tätigkeit – in dem Buch *20 Stunden und 40 Minuten* schilderte sie den Transatlantikflug der *Friendship* – war sie zum erstenmal in ihrem Leben finanziell unabhängig geworden.

Amelia Earhart genoß ihre Selbständigkeit und Freiheit. 1930 schrieb die 33jährige an eine Freundin: „Ich halte noch immer nichts von der Ehe. Ich glaube, daß ich vielleicht nie etwas anders als einen Käfig in ihr sehen kann.“ Wenig später verblüffte sie ihre Freunde, ihre Familie und vielleicht sogar sich selbst mit der Ankündigung, sie werde George Palmer Putnam heiraten.

Der zehn Jahre ältere Putnam war seit dem *Friendship*-Flug gut mit AE befreundet. Er beriet sie, wenn es darum ging, was sie schreiben, welche Vorträge sie halten und welche Aufträge sie annehmen sollte. Den ersten Heiratsantrag machte er ihr 1929, kurz nachdem seine erste Frau und er sich getrennt hatten – aber er mußte ihn noch sechsmal wiederholen, bevor sie zustimmte. Als sie seinen Antrag endlich annahm, nickte sie nur flüchtig und tätschelte kurz seinen Arm, bevor sie in ihr Flugzeug stieg, um wieder einmal eine Geschäftsreise zu machen.

Sie ließ von Anfang an keinen Zweifel daran, daß sie eine unkonventionelle Ehe führen wollte. Unmittelbar vor der Hochzeit übergab sie Putnam eine bemerkenswerte Unabhängigkeitserklärung, in der sie ihre Liebe an Bedingungen knüpfte. „Lieber G. P.“, begann dieses Schriftstück, „Ich möchte nochmals sagen, mit welchem Widerstreben ich heirate, und daß ich das Gefühl habe, dadurch Chancen auf einem Arbeitsgebiet zu zerstören, das mir so viel bedeutet. Dieser Entschluß kommt mir im Augenblick so töricht vor wie alles andere, das ich tun könnte.“ Deshalb hatte sie eine kurze Liste mit Einschränkungen zusammengestellt: „In unserem gemeinsamen Leben werde ich Dich nicht durch irgendeinen mittelalterlichen Treuekodex an mich binden und mich auch nicht auf solche Weise an Dich gebunden fühlen. Vielleicht muß ich mir irgendwo einen Zufluchtsort bewahren, an dem ich von Zeit zu Zeit ich selbst sein kann, denn ich kann nicht garantieren, daß ich das Eingesperrtsein in einem Käfig – und sei er noch so reizend – ständig ertragen werde. Ich muß Dir ein schwieriges Versprechen abnehmen: Daß Du mich in einem Jahr gehen läßt, falls wir nicht miteinander glücklich werden. Ich werde mich bemühen, in jeder Beziehung mein Bestes zu geben.“

Die seltsame Partnerschaft schien irgendwie zu funktionieren – vielleicht weil die Bedingungen im voraus so klar definiert waren. Putnam machte sich daran, die fliegerische Laufbahn seiner Frau zu fördern. Seitdem Putnam ihr Manager war, erschien ihr Bild auf Reklameplakaten, auf denen sie für eine Zigarettenmarke warb, und eine Firma, die Damenkonfektion herstellte, schrieb den Namen Amelia Earhart auf ihre Etiketts. Sie warb mit ihrer Unterschrift für Autos und Schlafanzüge und gab ihren Namen für leichtes Fluggepäck her, das sich sofort sehr gut verkaufte. Sie nahm die Kommerzialisierung ihrer Karriere hin, um auf diese Weise Geld für ernsthafte Flüge zu verdienen. Gelegentlich hatte sie jedoch „den Zoo-Teil" ihrer Arbeit, wie sie es ausdrückte, ziemlich satt.

Anfang 1932 fragte sie Putnam eines Morgens beim Frühstück, ob er etwas dagegen habe, wenn sie über den Atlantik fliege. Das war im Grunde genommen eine rhetorische Frage, denn ihr Entschluß stand bereits fest. Putnam stimmte begeistert zu. Seine Frau hatte zu diesem Zeitpunkt bereits über 1000 Flugstunden unter allen nur denkbaren Wetterbedingungen angesammelt und war eine gute Instrumentenfliegerin geworden. Ihr enger Freund Bernt Balchen, den sie für einen der besten Flieger der Welt hielt, erklärte sich sofort bereit, ihr als technischer Berater zur Verfügung zu stehen und die Generalüberholung ihres Flugzeugs zu überwachen.

Die schnelle und rassige Lockheed Vega, die sie fliegen wollte, war in Pilotenkreisen als sehr anspruchsvolles Flugzeug bekannt. Durch die Zusatztanks in den Tragflächen und der Kabine war sie noch schwieriger zu fliegen. Unter Balchens Aufsicht erhielt sie einen neuen Motor und zusätzliche Navigationsgeräte; außerdem wurde der Rumpf verstärkt. Mit ihrer auf 5100 Kilometer erhöhten Reichweite war die Maschine durchaus für einen Transatlantikflug geeignet.

Am 19. Mai 1932 wurde gemeldet, über dem Atlantik sei der Himmel wolkenlos, und AE startete mit Balchen vom Teterboro Airport in New Jersey zum Flug nach Harbour Grace, Neufundland. Am nächsten Tag überprüfte Balchen das Flugzeug in Harbour Grace zum letztenmal, während AE sich ausruhte, bis die vorgesehene Startzeit kam. „Sie erscheint in Reithosen und einer Fliegerjacke aus Leder auf dem Flugplatz", schrieb Balchen in sein Tagebuch, „ihr kurzgeschnittenes blondes Haar zerzaust, ruhig und unaufdringlich wie ein junger Lindbergh. Sie hört schweigend zu und beißt sich nur ein bißchen auf die Lippe, während ich mit ihr den Kurs durchgehe, den sie steuern soll, und ihr erkläre, mit welchem Wetter sie auf dem Flug übers Meer rechnen muß. Sie sieht mich mit einem schwachen sehnsüchtigen Lächeln an und fragt: ‚Glaubst du, daß ich's schaffe?', und ich antworte grinsend: ‚Todsicher!' Sie klettert ruhig ins Cockpit des großen leeren Flugzeugs, läßt den Motor an, gibt Vollgas, prüft die Zündung und nickt. Wir ziehen die Bremsklötze weg, und sie startet."

Die ersten Stunden des Fluges waren einfach. AE flog in 3700 Meter Höhe und bewunderte den letzten Lichtschein des Sonnenuntergangs und den hinter einer Wolkenbank aufsteigenden Mond. Dann sah sie plötzlich, daß die Zeiger ihres Höhenmessers sich rasend schnell drehten: Das Instrument war defekt und fiel für den Rest des Fluges aus.

Nachdem AE in einem überraschend auftretenden Gewitter durchgeschüttelt worden war, versuchte sie, die sich dahinter auftürmenden Wolken zu übersteigen. Aber sie merkte bald, daß ihre Maschine nur noch träge auf Steuerausschläge reagierte und langsamer geworden war. Das bedeutete, daß sich auf den Tragflächen Eis ansetzte. Als AE tiefergehen wollte, geriet die Lockheed schlagartig in ein steiles Trudeln. Während dieses unfreiwilligen Abstiegs registrierte ihr Barograph an einer Stelle einen fast senkrechten Absturz, bei dem die Maschine nahezu 1000 Meter Höhe verlor. „Wie lange das Trudeln gedauert hat, weiß ich nicht", schrieb Amelia

New York City feiert Amelia Earhart 1932 nach ihrem sensationellen Alleinflug über den Atlantik mit einer Konfettiparade.

Earhart später. „Aber ich weiß, daß ich das einzig Richtige tat, um aus dem Trudeln herauszukommen, und daß ich die Maschine wieder unter Kontrolle bekam, als das Eis in der Wärme der tieferen Luftschichten abschmolz. Als wir in die richtige Fluglage zurückkehrten und geradeaus weiterflogen, konnte ich trotz der Dunkelheit unangenehm dicht unter mir die weißen Wogenkämme erkennen."

Sie flog in Sichtweite der Meeresoberfläche weiter, bis die Wogenkämme im Nebel verschwanden. Dann stieg sie wieder und versuchte zu erraten, welche Höhe zwischen Wasser und Eis richtig war. Etwa vier Stunden nach dem Start in Harbour Grace sah sie blaue Auspuffflammen aus einer gerissenen Schweißnaht am Auspuffkrümmer züngeln. Im Augenblick waren sie noch ungefährlich, aber falls der massive ringförmige Krümmer durchbrannte, war es um das Flugzeug geschehen. „Mir tat es wirklich leid, daß ich den Riß überhaupt bemerkt hatte", stellte sie später trocken fest, „denn die Flammen wirkten nachts viel gefährlicher als tagsüber."

Bei Tagesanbruch vibrierte der Auspuffkrümmer stark. Graues Morgenlicht lag über dem Atlantik und ließ die Eiskristalle auf den Tragflächen glitzern. AE trank Tomatensaft durch einen Strohhalm und fragte sich, ob sie durch Windversetzung vom Kurs abgekommen war oder ob die Lockheed mehr Treibstoff als berechnet verbraucht hatte. Als sie auf die Reservetanks umschaltete, stellte sie fest, daß eine zur Tankanzeige führende Leitung leckte.

Mit defektem Höhenmesser, gerissenem Auspuffkrümmer und ins Cockpit tropfendem Benzin hatte sie natürlich keine Chance, Paris zu erreichen. Sie steuerte genau nach Osten, wo sie hoffte, daß Irland liegen würde. Als sie schon fast davon überzeugt war, die Insel verfehlt zu haben, sah sie eine hügelige Küste vor sich aus dem Meer aufsteigen.

Nachdem sie die Küste überflogen hatte, suchte sie sich einen Landeplatz. Da sie ohne Höhenmesser nicht allzu weit in die landeinwärts beginnenden Hügel hineinfliegen wollte, drehte sie nach Norden ab, folgte einer Bahnlinie und gelangte schließlich zu „herrlichen Viehweiden". Dort landete Amelia Earhart auf einer sanft geneigten Wiese zwischen den Kühen. Sie stellte den Motor ab und war über die plötzliche Stille verblüfft. Ein erstaunter Farmer tauchte auf und erklärte ihr, sie befinde sich in der Nähe der nordirischen Stadt Londonderry. Sie lächelte ihn freundlich an: „Ich komme aus Amerika", sagte sie.

Der Flug hatte 15 Stunden und 18 Minuten gedauert und war damit die bisher schnellste Atlantiküberquerung. Als AE nach ihrer Rückkehr in die Vereinigten Staaten von Präsident Herbert Hoover mit der Goldmedaille der National Geographic Society ausgezeichnet wurde, spielte sie ihre Leistung herunter. „Einige Aspekte des Fluges sind übertrieben dargestellt worden, fürchte ich", sagte sie. „Es war viel spannender, zu schreiben, ich sei mit den letzten Litern Treibstoff gelandet. Tatsächlich hatte ich noch über vierhundert. Und ich habe bei der Landung keine Kuh getötet – es sei denn, eine wäre vor Angst gestorben."

Aber Amelia Earhart wußte recht gut, welchen großen Erfolg sie erzielt hatte. Ihr Flug war eine Rechtfertigung all der mutigen Frauen, die vor ihr auf irgendeine Weise versucht hatten, den Atlantik zu bezwingen. Indem sie diese gewaltige Barriere überwunden hatte, hatte sie bewiesen, daß es auf dem Gebiet der Luftfahrt nichts gab, was Frauen nicht erreichen konnten. In dieser Beziehung hatten alle Pilotinnen an ihrem Sieg teilgehabt, als sie bei Londonderry auf einer Viehweide zwischen Kühen gelandet war.

N-Y-
ELINOR
SMITH

Bis an die äußerste Grenze der Leistungsfähigkeit

Im Jahre 1929 lieferten sich zwei junge amerikanische Pilotinnen ein heißes Duell. Im Januar stellte die 23jährige Bobbi Trout aus Kalifornien mit zwölf Stunden einen neuen Dauerrekord für Frauen auf, der jedoch innerhalb eines Monats von der 17jährigen New Yorkerin Elinor Smith um eine Stunde überboten wurde. Die Kalifornierin schraubte den Rekord prompt auf 17 Stunden, und im April übertraf Elinor Smith sie erneut mit einem Flug von 26 Stunden.

Dieses Kopf-an-Kopf-Rennen hätte endlos weitergehen können, wenn ein kalifornischer Geschäftsmann nicht auf die Idee gekommen wäre, einen gemeinsamen Rekordversuch der beiden zu finanzieren, bei dem sie ihre Maschine in der Luft betanken sollten, was Pilotinnen noch nie versucht hatten. Die Konkurrentinnen bildeten im November ein Team und nahmen sich vor, den außergewöhnlichen Dauerweltrekord zu brechen, den zwei Piloten – Dale Jackson und Forrest O'Brine – im Juli 1929 mit 420 Stunden aufgestellt hatten.

Auf dem Städtischen Flughafen außerhalb von Los Angeles übten die beiden Frauen die Betankung ihres Sunbeam-Flugzeugs aus einer uralten Curtiss Carrier Pigeon – passenderweise mit dem Spitznamen „Amme" belegt und von zwei Männern geflogen. Am 16. November 1929 starteten die Pilotinnen, um mindestens einen Monat in der Luft zu bleiben.

Ihr Flug hatte jedoch kaum begonnen, als sie bereits wieder landen mußten: Ein schweres Funkgerät, das sie eingebaut hatten, um mit der „Amme" und dem Boden Verbindung halten zu können, hatte die Schwerpunktlage ihrer Maschine ungünstig verändert. Sie starteten nun ohne Funkgerät, aber dann brachen Spanndrähte der Sunbeam und erzwangen eine weitere Landung. Am 25. November unternahmen sie einen erneuten Versuch und blieben 18 Stunden in der Luft, bevor es fast zu einer Katastrophe kam: Durch eine Ungeschicklichkeit beim Betanken wurde Bobbi Trout mit Benzin getränkt. Sie landete sicher, obwohl sie hervorstieß, sie habe Benzin geschluckt, und verbrachte eine Nacht zur Beobachtung in einem Krankenhaus.

Am 27. November 1929 starteten die beiden erneut. Nach etwa 30 Stunden, als sie eben zu glauben begannen, diesmal lächle ihnen das Glück, stieß ihre altersschwache „Amme" Rauchwolken aus. Sie mußte auf dem nächsten Feld notlanden, und als der Treibstoffvorrat der Sunbeam erschöpft war, mußten die beiden Pilotinnen ebenfalls herunter. Aber bevor sie aufgaben, hatten sie mit 42 Stunden einen neuen Dauerweltrekord für Frauen aufgestellt – und dabei als erste Pilotinnen ein Flugzeug in der Luft betankt.

Bei einer Vorführung des Flugablaufs demonstriert Bobbi Trout die Benutzung der provisorischen Schlafkabine auf den Treibstofftanks der Maschine, während Elinor Smith am Steuerknüppel sitzt.

Während Elinor Smith (stehend) zusieht, bekommt Bobbi Trout von einem ortsansässigen Chiropraktiker eine Massage, die sie für den langen Flug in Form bringen soll. Beide Frauen erhielten solche Massagen – offenbar eher zu Werbezwecken als aus Gesundheitsgründen.

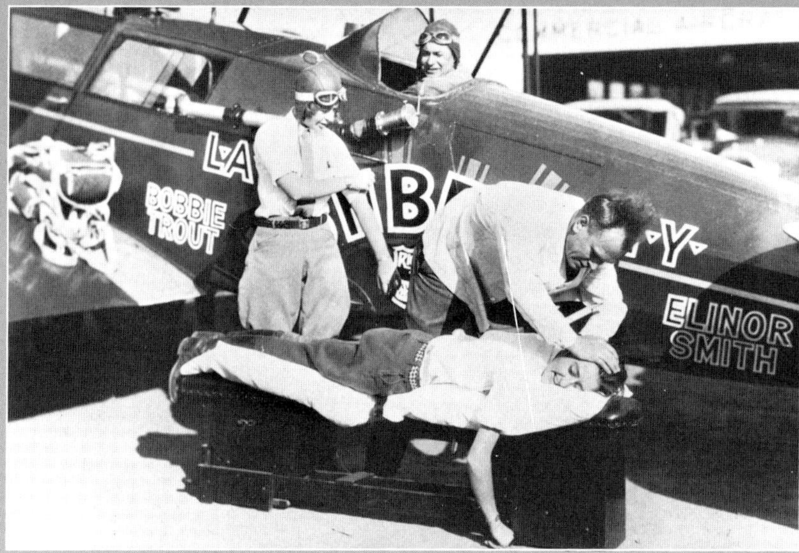

Elinor Smith stellt das riesige Funkgerät der „Sunbeam" ein, während ihre Partnerin so tut, als spräche sie in das große Mikrophon. Das sperrige Röhren-Funkgerät erwies sich als zu schwer für ihr getanktes Flugzeug.

Rechts begutachten die Pilotinnen den für die Luftbetankung bestimmten Einfüllstutzen ihrer Maschine. Bevor sie die Treibstoffübernahme im Flug übten, trainierten sie das Anschließen des Schlauchs in einem Hangar auf dem Städtischen Flughafen von Los Angeles (unten).

Bobbi Trout simuliert die Übernahme eines Versorgungsbeutels von dem Begleitflugzeug und streckt sich, um den Lederbeutel mit Proviant, Motorenöl und Post in Empfang zu nehmen. Der Beutel wurde an einem Seil von der „Amme" herabgelassen; das gleiche Seil diente dazu, den Benzinschlauch hinunterzulassen.

Die „Sunbeam" schiebt sich zur Treibstoffübernahme unter die von den Piloten Peter Reinhart und Paul Whittier geflogene Curtiss Carrier Pigeon. Die Curtiss konnte innerhalb von vier Minuten 700 Liter Flugbenzin übergeben.

REFUELING

IL MATTINO
ILLUSTRATO
Ro 5
FIDO

3

Weiter, schneller, höher!

An dem kühlen, nebligen Morgen des 5. Mai 1930 überquerte eine schlanke, knabenhaft wirkende Engländerin mit dem Allerweltsnamen Amy Johnson das Vorfeld auf dem Flugplatz Croydon und ging auf einen kleinen Doppeldecker mit offenem Führersitz zu, auf dessen Motorhaube in weißen Buchstaben der Name *Jason* stand. Sie war eine unbekannte, aber äußerst ehrgeizige und willensstarke Pilotin, in deren Kartentasche die Unterlagen für einen der gewagtesten Flüge der Luftfahrtgeschichte steckten.

Sie begrüßte die kleine Gruppe von Getreuen – einige Freunde und ihr Vater –, die in Wintermänteln um das Flugzeug herumstanden. Zuschauer, die in den dreißiger Jahren in Massen zusammenströmten, wenn bekanntere Flieger zu kühnen Erkundungsflügen starteten, fehlten diesmal ganz. Da Amy Johnson nicht berühmt war, hatte die englische Presse nur sehr zurückhaltend über die 26jährige und ihren geplanten Flug berichtet.

Dieser bescheidene Abschied störte Amy Johnson keineswegs. Sie lächelte, gab ihrem Vater einen Kuß auf die Wange und kletterte in den Führersitz des Doppeldeckers. Dann rollte sie die Startbahn hinunter, bremste ein gutes Stück vor dem Ende, wendete und startete gegen den Wind. Das mit 230 Liter Zusatztreibstoff schwer beladene Flugzeug hatte noch nicht abgehoben, als sie den Flughafenzaun am Ende der Startbahn vor sich aufragen sah. Amy Johnson brachte ihre Maschine noch rechtzeitig zum Stehen und rollte ans Ende der Startbahn zurück. Diesmal donnerte sie an den wenigen Augenzeugen vorbei, hob geschickt mit der *Jason* ab und stieg über die Vorstadthäuser jenseits des Flugplatzes hinweg.

Nach dem Start nahm sie Kurs auf Wien – eine 1300 Kilometer lange Strecke, für die sie mit ihrer *Jason*, einem De-Havilland-Flugzeug des Typs Gipsy Moth mit einem kümmerlichen 100-PS-Motor, zehn Stunden brauchen würde. Aber das war lediglich die erste Etappe der unglaublichen Luftreise, die Amy Johnson vorhatte: Ihr Endziel war Australien auf der Südhalbkugel der Erde, und die Route dorthin führte etwa 16 000 Kilometer weit über Meere und Wüsten, Gebirge und Dschungel.

Amy Johnson war nicht nur entschlossen, Australien zu erreichen, sondern wollte auch den Rekord von 15½ Tagen unterbieten, der im Jahre 1928 von dem erfahrenen Piloten Bert Hinkler, der die Strecke erstmals im Alleinflug bewältigt hatte, aufgestellt worden war. Wirklich außergewöhnlich war ihr Vorhaben jedoch wegen ihres Mangels an Flugerfahrung. Als sie an diesem Maimorgen in Croydon startete, war sie erst etwa 85 Stunden allein geflogen und hatte als längste Überlandstrecke genau 237 Kilometer zurückgelegt – von London zu ihrer Heimatstadt Hull an der englischen Ostküste. Trotzdem zweifelte sie keinen Augenblick an ihrer Fähigkeit, den Australienflug erfolgreich durchzuführen. „Das Vorhaben machte mir keine Angst", sagte sie später, „weil ich so erschreckend naiv war, daß ich niemals

Dieser Umschlag einer Wochenzeitschrift von 1930 aus Neapel zeigt die polnische Fliegerin Sofia de Mikulska nach einer Notlandung im Tal des Garigliano in Süditalien, wie sie von Rindern eingekreist wird. Damals hatten Langstreckenflieger oft damit zu rechnen, auf unbekanntem Gelände notlanden zu müssen.

auch nur ahnte, worauf ich mich bei der ganzen Geschichte eingelassen hatte." Aber auch diese Bescheidenheit konnte ihre forsche Entschlossenheit, ihre zielstrebige Energie keineswegs verdecken.

Bevor Amy Johnson zu ihrem Alleinflug startete, waren Amerikanerinnen einige Jahre lang die erfolgreichsten Pilotinnen der Welt gewesen. Aber in den dreißiger Jahren konkurrierten einige Fliegerinnen aus Großbritannien, den Commonwealth-Ländern und Europa auf gleicher Ebene mit amerikanischen Stars wie Amelia Earhart und Ruth Nichols. Durch einen atemberaubend ehrgeizigen Flug nach dem anderen brachen sie Dutzende von Strecken-, Dauer- und Höhenrekorden mit Motor- und Segelflugzeugen. Ihre Triumphe wurden von der Öffentlichkeit mit solchen Begeisterungsstürmen gefeiert, daß diese Pilotinnen einige goldene Jahre lang internationale Berühmtheiten waren. Durch ihren vorbildlichen Mut sorgten sie für einige Lichtblicke in einem Jahrzehnt, über dem sich sichtbar dunkle Kriegswolken zusammenzogen.

Ein 1938 entstandenes Porträt der einst unbeschwerten Amy Johnson – der ersten Frau, die allein von England nach Australien geflogen war – illustriert die kühle Eleganz, die sie nach ihrer gescheiterten Ehe mit dem Playboy-Piloten Jim Mollison kultivierte.

Amy Johnson wurde im Jahre 1903 in der alten Hafenstadt Hull geboren, wo ihr Vater einen Fischhandel betrieb. Sie bewies schon als Schülerin sportlichen Ehrgeiz, war eine ausgezeichnete Hockeyspielerin und forderte die Jungen beim Kricket heraus, das im allgemeinen als reiner Männersport angesehen wird. Im Jahre 1922, als es noch ungewöhnlich war, daß junge Frauen aus englischen Provinzstädten studieren wollten, nahm sie ihr Studium an der Universität Sheffield auf.

Nachdem sie den akademischen Grad eines Bachelor of Arts erworben hatte, verbrachte sie drei unschlüssige Jahre damit, in verschiedenen Büros zu arbeiten, und wurde zuletzt Sekretärin eines Londoner Rechtsanwalts. Aber das eintönige Bürodasein war nichts für Amy Johnson. Im Frühjahr 1928 rief das Motorengeräusch von Flugzeugen, die auf dem kleinen Flugplatz Stag Lane am Rande von London starteten, plötzlich wieder Kindheitsträume von Ruhm und Ehre wach – sie hatte einst einer Nachbarin erzählt, sie wolle eine Königin werden –, und sie begann in der Fliegerei einen Weg zu Freiheit und Berühmtheit zu sehen.

Obwohl sie damals als Sekretärin nur fünf Pfund in der Woche verdiente, entrichtete sie sofort die Aufnahmegebühr von über sechs Pfund, um in den London Aeroplane Club einzutreten, der auf dem Flugplatz Stag Lane beheimatet war, und gab ihre Ersparnisse für Flugstunden aus. Anfangs ließ sie keine besondere Begabung für eine Karriere auf fliegerischem Gebiet erkennen. Weiche Landungen wollten ihr nicht gelingen; sie neigte dazu, ihre Maschine hart auf die Grasbahnen des Flugplatzes Stag Lane aufzusetzen. Aber sie blieb dabei, machte nach 16 Stunden Ausbildung ihren ersten Alleinflug und beeindruckte die Prüfer durch ihre Fähigkeiten, als sie die Prüfung für Privatpiloten mit Bravour bestand.

Ungewöhnlich an Amy Johnson war ihre Entschlossenheit, auch so viel wie möglich über Flugzeuginstandhaltung zu lernen, wodurch sie sich Kenntnisse erwarb, die ihr später noch sehr zustatten kommen sollten. Sie überredete C. S. „Jack" Humphreys, den Flugzeugmechaniker des Vereins, ein Perfektionist mit einer rauhen Schale, sie als Lehrling auszubilden, und war oft schon um 6 Uhr auf dem Platz, um ihm zu helfen, Flugmotoren zu zerlegen, zu überholen und wieder zusammenzubauen.

Im Dezember 1929 wurde Amy Johnson die erste Frau, die in England die Prüfung für Flugzeugmechaniker ablegte. Schon wenige Wochen später faßte sie den erstaunlichen Entschluß, ihre neuerworbenen Fähigkeiten

empfangen. Aus Amy Johnsons Sicht bestand kein Grund zum Jubel, denn sie hatte Bert Hinklers Rekord um vier Tage verfehlt.

Aber sie war als erste Frau allein von England nach Australien geflogen, und die Welt staunte über die ehemalige Sekretärin, die einen so langen und gefährlichen Flug glücklich beendet hatte. Ganz Australien sang den zu ihrer Begrüßung komponierten Schlager „Johnnie's in Town", der sich auf ihren Spitznamen bezog. Noch erfolgreicher war jedoch das Lied „Amy, Wonderful Amy", das nach ihrer triumphalen Heimkehr nach England im gesamten Commonwealth populär wurde. Reklamesüchtige Firmen überhäuften sie mit Geschenken, zu denen ein Auto, ein Motorboot und ein neues De-Havilland-Flugzeug des Typs Moth gehörten. König Georg V. ernannte sie zum Mitglied des Ordens des Britischen Weltreiches. Und die Londoner *Daily Mail* machte die anfängliche Ablehnung von seiten der britischen Presse durch ein Pauschalabkommen mit Amy Johnson wett: 10 000 Pfund für die klapprige *Jason*, einige Zeitungsartikel, die sie selbst schreiben sollte, und eine ganze Reihe öffentlicher Auftritte.

Amy Johnson machte diese Auftritte nur eine Woche lang mit, bevor sie aus dem Scheinwerferlicht flüchtete und sich bei Freunden versteckte. Ihre ungezwungenen und ungekünstelten Reden lösten jedesmal Beifallsstürme aus, aber die junge Fliegerin wurde der Bewunderung, die ihr von allen Seiten entgegengebracht wurde, rasch überdrüssig. Sie wollte als ernsthafte Pilotin akzeptiert und nicht als bescheidene kleine Sekretärin verklärt werden, von der eine Schlagzeile behauptete: „Gab ihren eintönigen Job auf, um Abenteuer in den Lüften zu bestehen."

In dem offenbar ernstgemeinten Bestreben, dem Reklamerummel zu entgehen, flog Amy Johnson bald wieder. Aber jetzt strömten zwangsläufig Reporter zusammen, wo immer sie startete oder landete. Die Presse bemitleidete sie, als sie im Januar 1931 einen Flug, der von London über Europa und Sibirien nach Peking führen sollte, in Polen abbrechen mußte. Und sie jubelte, als Amy Johnson sich im Sommer des gleichen Jahres mit Jack Humphreys, der sie zur Flugzeugmechanikerin ausgebildet hatte, zusammentat und eine De-Havilland-Puss-Moth in zehn Tagen von London nach Tokio überführte, was einen neuen Geschwindigkeitsrekord für Leichtflugzeuge auf dieser 16 000 Kilometer langen Strecke bedeutete.

Noch schlagzeilenträchtiger war ihre Hochzeit, als sie im Juli 1932 einen der damals bekanntesten englischen Piloten heiratete: James Mollison. Presse und Öffentlichkeit überschlugen sich fast vor Begeisterung über die romantische Verbindung der Königin der Lüfte mit ihrem furchtlosen Helden, der erst vor kurzem selbst einen Rekord aufgestellt hatte, indem er in 4 Tagen und 17 Stunden von England nach Kapstadt geflogen war. In der Presse hießen die beiden bald das „fliegende Liebespaar".

Trotzdem flogen die Mollisons im allgemeinen nicht miteinander. Kaum einen Monat nach der Hochzeit flog Jim Mollison mit seiner Puss Moth über den Nordatlantik und bezwang damit die Strecke Europa–Amerika als erster im Alleinflug. Bis Ende 1931 hatte seine Frau den Rekord Mollisons für die Strecke nach Kapstadt unterboten und diese Leistung mit einem Rückflug in neuer Rekordzeit gekrönt. Jim Mollison revanchierte sich mit der ersten Alleinüberquerung des Südatlantiks in Ost-West-Richtung, als er im Februar 1933 in 3 Tagen und 10 Stunden von England über Westafrika nach Brasilien flog.

Wettbewerb war keine ideale Voraussetzung für eine perfekte Ehe. Im Interesse ehelicher Harmonie und um ein gemeinsames Abenteuer zu erleben, nahmen die Mollisons sich vor, den Streckenweltrekord zu überbieten. Sie beschafften sich eine neue zweimotorige De-Havilland-Dragon, die sie *Seafarer* tauften, und starteten damit am 22. Juli 1933 in Pendine in Südwales zum Flug nach New York, der ersten Etappe eines Dreiecksfluges, der danach nach Bagdad führen und sie schließlich wieder nach London zurückbringen sollte.

Der übermüdete Jim Mollison saß nach 29 Stunden, in denen er sich mit seiner Frau abgewechselt hatte, am Steuer, als die *Seafarer* wegen Treibstoffmangels nachts auf einem kleinen Flugplatz bei Bridgeport, Connecticut, landen mußte. Das schwere Flugzeug schoß über die Landebahn hinaus und ging in einem Sumpf zu Bruch. Jim erlitt Kopfverletzungen, als er gegen die Windschutzscheibe prallte, Amy trug Schnittwunden und Prellungen davon. Innerhalb weniger Stunden strömten Tausende der Ortsbewohner zu der *Seafarer* hinaus und demontierten die Maschine, um auf diese Weise zu einem Souvenir zu kommen.

Das „fliegende Liebespaar", das jetzt kein Flugzeug mehr hatte und dessen Zeitplan völlig durcheinandergeraten war, gab seinen Rekordversuch auf. Jim Mollison kehrte wenig später nach England zurück, aber seine Frau blieb noch einige Monate in den Vereinigten Staaten. Durch ihre Berühmtheit und ihren persönlichen Charme gewann sie die Herzen der

Amy Johnson und Jim Mollison, die den Nordatlantik als erstes Ehepaar überfliegen wollen, passieren 1933 mit ihrer De-Havilland-Dragon die irische Küste und nehmen Kurs auf New York. Wegen der sehr langen Startstrecke der schweren Maschine waren sie von einem ebenen Strand aus gestartet.

Flieger und Fliegerinnen in Amerika; während ihres Aufenthalts freundete sie sich auch mit Amelia Earhart an, deren Beitrag zur Weiterentwicklung der Luftfahrt der bescheidenen englischen Pilotin bedeutsamer als ihre eigenen Leistungen erschien.

Im Jahre 1934 versuchten die Mollisons erneut, gemeinsam fliegerischen Lorbeer zu erringen, indem sie mit einer schnellen zweimotorigen De-Havilland-Comet an dem neuen Pokalrennen England–Australien teilnahmen. Die erste Etappe wurde zu einem Triumph für sie, als sie in der neuen Rekordzeit von 22 Stunden von England nach Karatschi flogen. Aber auf der nächsten Etappe mußten sie wegen technischer Schwierigkeiten notlanden und schieden aus dem Rennen aus.

Die Ehe begann zu zerbrechen. Jim Mollision, der schon immer auf Vergnügen aus gewesen war, trank jetzt mehr als zuvor und hatte großes Aufsehen erregende Affären, während seine Frau ihn auf fliegerischem Gebiet übertraf und 1938 wieder Schlagzeilen machte, als sie die Strecke London–Kapstadt beim Hin- und Rückflug in neuer Rekordzeit bewältigte. Im Jahre 1938 wurden die Mollisons geschieden.

Amy Johnson hatte sich unterdessen aufs Land zurückgezogen, wo sie sich von ihren Enttäuschungen erholte, indem sie Segelflugzeuge flog und über die Fliegerei schrieb. Sie unternahm keine Langstreckenflüge mehr,

Eine Woche nach ihrem aufsehenerregenden Transatlantikflug, der mit einer Bruchlandung in Connecticut endete, besuchen Jim Mollison und Amy Johnson – beide mit Verbänden – in Begleitung von Amelia Earhart in New York den amerikanischen Präsidenten Franklin D. Roosevelt (rechts) und seine Frau Eleanor.

denn auf einer kleiner werdenden Welt gab es nicht mehr viel Gelegenheiten für bahnbrechende Flüge. Aber sie flog bis zum Ende ihres Lebens weiter, denn sie hatte sich mit Leib und Seele der Fliegerei verschrieben. „Man kann sich nichts Schöneres und Aufregenderes vorstellen", schrieb sie einmal, „als mit einem kleinen Flugzeug in den großen weiten Himmel aufzusteigen, wo man sich ungestört fühlt, mit sich und der Welt zufrieden, wo man vollkommen frei ist in dem, was man tun und wohin man fliegen möchte, und erst wieder auf die Erde herabzukommen braucht, wenn einem das Benzin ausgeht."

Wenn es schon bemerkenswert genug war, daß eine Londoner Sekretärin wie Amy Johnson sozusagen aus dem Nichts auftauchen und nach Australien fliegen konnte, womit sie einen der ehrgeizigsten und gefährlichsten Flüge der ereignisreichen dreißiger Jahre durchführte, so war es geradezu verblüffend, daß eine junge Musikstudentin aus Neuseeland diesen Erfolg noch übertraf und weitere hinzufügte.

Jean Batten wurde im September 1909 geboren und wuchs in Rotorua auf – einer Kleinstadt auf der neuseeländischen Nordinsel, in der ihr Vater als Zahnarzt praktizierte. Sie entdeckte ihre Musikbegeisterung und übte im Pensionat so eifrig Klavier, daß ihr Vater von einer Karriere seiner Tochter als Konzertpianistin träumte. Aber als Zehnjährige war sie bereits von Flugzeugen und Langstreckenflügen fasziniert.

Ihr Interesse wurde ursprünglich durch den ersten Flug von England nach Australien geweckt – eine einmonatige Flugexpedition, die die australischen Brüder Ross und Keith Smith im November 1919 durchführten. Im Jahre 1928 wurde ihr Interesse für die Fliegerei dann durch zwei großartige Leistungen wiederbelebt. Die erste war Bert Hinklers Alleinflug von England nach Australien, die zweite ein Flug über den Pazifik von San Franzisko nach Brisbane in Australien, der den großen australischen Piloten Charles Kingsford-Smith und Charles Ulm gemeinsam mit zwei amerikanischen Besatzungsmitgliedern gelang. „Ich interessierte mich sehr für diese beiden Flüge", schrieb sie in ihrer Autobiographie, „und als Charles Kingsford-Smith später über die Tasman-See nach Neuseeland flog, wuchs meine Begeisterung für die Fliegerei noch, so daß ich beschloß, Pilotin zu werden." In diesem Entschluß wurde Jean Batten bestärkt, als sie bei einem Australienbesuch zum erstenmal fliegen durfte – mit dem berühmten Kingsford-Smith am Steuerknüppel. „Auf dem Flug über den Blue Mountains", schrieb sie, „hatte ich mich in der Luft völlig heimisch gefühlt und war zu dem Schluß gekommen, dies sei in der Tat mein Element."

Das war eine unangenehme Überraschung für ihren Vater, der ihr erklärte, das Fliegen sei viel zu gefährlich und die Schulung enorm teuer. Jean Batten entschied sich nach einem inneren Kampf für ihre neue Liebe: Sie verkaufte ihr Klavier, um ihre Pilotenausbildung zu finanzieren.

Nachdem der erste Schock abgeklungen war, wurde Jean Batten von ihrer Mutter begeistert gefördert. Mutter und Tochter waren sich darin einig, daß es am besten wäre, nach England – einem Zentrum der Luftfahrt – zu reisen, und fuhren 1929 nach London. Dort stießen sie rasch auf den London Aeroplane Club und den Flugplatz Stag Lane, Amy Johnsons Heimatflugplatz. Jean Batten begann dort ihre Ausbildung und erwarb bald ihren Privatpilotenschein, den sogenannten A-Schein, in einer der elegant wirkenden, silbern und gelb lackierten Gipsy Moths des Clubs. Mit jugendlichem Optimismus, der an den Amy Johnsons erinnerte, versuchte sie sofort, Geldgeber für einen Flug nach Australien zu finden. Zu ihrer Enttäuschung waren weder ihre Verwandten noch befreundete Neuseeländer daran interessiert, dieses Vorhaben zu finanzieren.

Jean Batten kehrte unbeirrt auf den Flugplatz Stag Lane zurück, krempelte die Ärmel hoch, um Flugzeugmechaniker zu lernen, vertiefte sich in Meteorologie und Navigation und sammelte genug Flugstunden für ihren Berufspiloten- oder B-Schein, während sie ihre Ersparnisse aufzehrte und häufig zum Pfandleiher ging, um die Zusatzschulung bezahlen zu können. Nachdem sie den angesehenen B-Schein vorweisen konnte, fand sie einen anderen Piloten, der genügend Vertrauen zu ihren fliegerischen Fähigkeiten hatte, um zur Finanzierung ihres Alleinfluges nach Australien beizutragen – gegen 50 Prozent der zu erwartenden Einnahmen. Jean Batten kletterte im April 1933 in eine bereits gebraucht erworbene Moth und startete vom Flugplatz Lympne an der englischen Kanalküste.

Auf diesem Flug – und ebenso bei ihrem nächsten Versuch – wurde sie vom Pech verfolgt. In Belutschistan, dem südwestlichen Teil Pakistans, mußte sie auf dem ersten Flug wegen eines Sandsturms notlanden, wobei der Propeller ihrer Maschine beschädigt wurde. Nachdem sie sich einen Ersatzpropeller beschafft hatte, flog sie weiter, doch nach etwa 100 Kilometern setzte ein Motorschaden ihrem Flug ein Ende. „Eine Pleuelstange brach ab", erläuterte sie später, „und stieß mit einem Knall seitlich durch das Kurbelwellengehäuse." Jean Batten mußte nun versuchen, mit stehendem Propeller zu landen, und setzte vor Karatschi auf einer Straße auf. Die Moth brach bei der Landung aus und krachte in eine Steinmauer.

Bei ihrem nächsten Versuch im April 1934 kam die Neuseeländerin nur bis Rom. Jean Batten, die sich für eine südlichere Route als Amy Johnson entschieden hatte, flog von Marseille nach Rom, als sie durch Gegenwind aufgehalten wurde. Als ihr Treibstoff schließlich zu Ende ging, befand sie sich „um Mitternacht bei strömendem Regen und stockfinsterer Dunkelheit über der italienischen Hauptstadt". Es gelang ihr, mit stehendem Motor auf einem kleinen freien Platz am Stadtrand von Rom zu landen – eine Notlandung, bei der sie nur unbedeutende Verletzungen davontrug. Aber ihre Maschine war so stark beschädigt, daß an einen Weiterflug nach Australien nicht zu denken war.

Bei ihrer Rückkehr nach London, von wo aus sie einen erneuten Start plante, mußte Jean Batten feststellen, daß die Zeitungen sich über ihr Pech zu mokieren begannen. „Versuch's noch mal, Jean", wurde sie in verschiedenen Schlagzeilen spöttisch aufgefordert.

Das tat sie auch keine vier Wochen später. Auf den ersten Blick schienen ihre Chancen so schlecht wie je zuvor zu stehen. Ihre zusammengeflickte Moth war jetzt fast fünf Jahre alt. Und wegen ihrer Notlandung in Rom startete sie diesmal zu einem Zeitpunkt – Mitte Mai –, zu dem in Südostasien Monsune auftreten konnten.

Ganz unerwartet glich dieser dritte Flug einem Traum, der Wirklichkeit geworden war, einem Reiseflug über herrliche, sonnenbeschienene Landschaften. Eine Etappe des Fluges – von Rangun nach Victoria Point an der Südspitze Burmas – erwies sich jedoch als Alptraum.

Die Wettervorhersage in Rangun hatte sie davor gewarnt, daß die Monsunperiode vermutlich früher als sonst beginnen werde. Trotzdem startete Jean Batten bei wolkenverhangenem Himmel, trug eine leichte Fliegerkombination, um die schwüle Maihitze besser ertragen zu können, und hoffte, daß die Vorhersage sich als unrichtig erweisen würde.

Jean Battens Sorge um ihr Flugzeug ist stärker als ihre Leidenschaft für Eleganz: Sie bringt ein weißes Seidenkleid in Gefahr, um eine Reparatur zu kontrollieren, die 1934 in Kalkutta am Motor ihres Flugzeugs vorgenommen wird. Auf ihrem Flug von England nach Australien hatte der Motor plötzlich sehr viel Öl verloren.

Aber sie geriet auf dem Flug nach Süden in schwere Regenschauer und sah sich fünf Stunden nach dem Start von drohenden schwarzen Wolken umgeben. Sie konnte das riesige tropische Regengebiet nicht umfliegen, und ihr Treibstoffvorrat war zu knapp, als daß sie hätte umkehren können, um Rangun anzufliegen. Es blieb ihr nichts anderes übrig, als bei stürmischem Wetter weiterzufliegen. „Der Regen trommelte wie Millionen winziger Kugeln auf die Tragflächen meines Flugzeugs", berichtete sie, „und die Sicht war so schlecht, daß die Flügelenden nicht mehr auszumachen waren und die Küstenlinie völlig im Dunst verschwand. Es war, als wäre man vom Tag in die Nacht hineingeflogen."

Sie steuerte ihre alte Gipsy Moth blindlings durch den Tropenregen und horchte angestrengt auf das Stottern des feuchten Motors. „Der offene Führersitz stand sehr rasch unter Wasser, und meine leichte Fliegerkombination war durchnäßt." Dann hatte sie Glück und erkannte, als der Regen für kurze Zeit nachließ, den dunklen burmesischen Dschungel unter sich. Jean Batten ging unter die Wolken und flog angespannt 35 Minuten kreuz und quer über den Dschungel, bevor sie eine Lichtung entdeckte – das gesuchte Landefeld bei Victoria Point!

Damit war die schlimmste – tatsächlich die einzige schlimme – Etappe des Australienfluges überstanden. Am 23. Mai 1934, 14 Tage, 22 Stunden und 30 Minuten nach dem Start in England, landete Jean Batten in Darwin. Sie hatte Amy Johnsons Rekord um über vier Tage unterboten. Auch diesmal überschlug ganz Australien sich fast vor Begeisterung. In ihrer Heimat

Neuseeland, die sie mit dem Schiff besuchte, weil die Reichweite ihrer Moth nicht für einen Flug über die fast 2000 Kilometer breite Tasman-See genügte, bereitete ihr die Menge einen beinahe hysterischen Empfang. Auf den Straßen von Auckland drängten sich jubelnde Menschenmassen, und die neuseeländische Regierung überreichte der in diesem Augenblick beliebtesten Tochter des Landes einen Scheck im Wert von 3000 Dollar. Jean Batten bereiste sechs Wochen lang ihre Heimat, ließ viele Veranstaltungen über sich ergehen und hielt etwa 150 Reden. Im Gegensatz zu Amy Johnson genoß es Jean Batten, im Rampenlicht zu stehen.

Die Karriere dieser temperamentvollen und vielbewunderten jungen Pilotin wäre auf ihrem Rückflug nach England um ein Haar vorzeitig zu Ende gegangen. Etwa 400 Kilometer nach dem Start in Darwin, als Jean Batten sich allein über der Timor-See befand, begann der Motor ihrer zuvor noch überholten Gipsy Moth auf unerklärliche Weise zu stottern, ließ in der Leistung nach und verstummte dann zu ihrem Entsetzen ganz.

Jean Batten fühlte sich völlig hilflos, als ihr Flugzeug mit stehendem Propeller langsam, aber unaufhaltsam durch eine Wolkenschicht auf die dunkle Wasserfläche zuglitt. Da sie hoffte, es nur mit einer zeitweise blockierten Benzinleitung zu tun zu haben, gab sie Vollgas. Aber auch das nützte nichts. Sie beobachtete wie hypnotisiert, wie die Höhenmessernadel von 2000 Meter auf 1500 Meter und dann auf 1000 Meter zurückging. „Das kann doch nicht das Ende sein!“ dachte sie dabei, wie sie sich später erinnerte. „Nein, das ist unmöglich – es muß irgendeinen Ausweg geben.“

Der einzige Ausweg schien in einer Notwasserung auf See zu bestehen. „Nachdem ich meine Schuhbänder aufgeknotet und meine Fliegerkombination aufgeknöpft hatte, griff ich nach dem kleinen Beil, das ich für Notsituationen dieser Art mitführte, und steckte es in die Lederscheide an meinem Gürtel. Falls es mir gelang, mit der Maschine auf ebenem Kiel zu wassern, hatte ich vielleicht eine winzige Chance, eine Tragfläche abzuhacken und als Floß zu benützen.“

Als die Moth bereits dicht davor war, ins Wasser zu klatschen, sprang der Motor plötzlich mit einem Lärm, „der in der Stille beinahe ohrenbetäubend war“, wieder an. Jean Batten, die kaum zu atmen wagte, um den Bann nicht zu brechen, brachte ihr Flugzeug wieder auf 2000 Meter und hielt diese Höhe, bis sie schließlich den Flugplatz Kupang auf der Insel Timor sichtete und dort sicher landen konnte.

Dieser Vorgang, daß der störrische Motor der alten Moth stotterte, stehenblieb und von selbst wieder ansprang, wiederholte sich noch mehrmals, bevor Jean Batten endlich auf dem Flugplatz Croydon landete. Trotz ihrer Motorpannen hatte sie die Strecke Darwin–London in 17 Tagen und 15 Stunden zurückgelegt und war als erste Frau von England nach Australien und zurück geflogen. Großbritannien feierte sie als eine Berühmtheit, aber sie plante bereits neue Rekordflüge.

Der erste sollte eine Überquerung des Südatlantiks von Westafrika nach Brasilien sein. Bisher hatte nur Jim Mollison den Südatlantik überflogen, und Jean Batten wollte seine Zeit von 17 Stunden 40 Minuten unterbieten.

An ihrem 26. Geburtstag im September 1935 übernahm sie eine neue Percival Gull, einen kleinen, schnellen Eindecker mit geschlossener Kabine, der mit Zusatztanks ausgerüstet worden war. Zwei Monate später befand sie sich in der senegalesischen Stadt Thiès bei Dakar und traf letzte Vorbereitungen für ihren vorgesehenen Flug, der über den Atlantik nach Natal in Brasilien führen sollte.

Im Zusammenhang mit ihren vorhergehenden Flügen hatte Jean Batten sich allmählich einen zweifachen Ruf erworben: Sie war eine Pilotin, die äußerst sorgfältige Vorbereitungen traf und nichts dem Zufall überließ; sie war aber auch eine Frau, die bei den gesellschaftlichen Veranstaltungen, die eine zwangsläufige Folge jedes Rekordfluges waren, so elegant wie möglich aussehen wollte. Unter den bewundernden Blicken des französischen Flugplatzkommandanten und einer Gruppe französischer Luftwaffenmechaniker demonstrierte sie in Thiès beide Seiten ihrer Persönlichkeit. Zuerst bestand sie darauf, den Motor ihres Flugzeugs selbst zu warten und das Betanken zu überwachen, wobei sie darauf achtete, daß aller Treibstoff sorgfältig durch Chamoisleder gefiltert wurde, damit selbst die kleinsten Verunreinigungen zurückgehalten wurden. Obwohl die Mechaniker mißmutige Bemerkungen über Jean Battens scheinbar unweibliches Benehmen machten, arbeitete sie weiter, bis sie die Gewißheit hatte, daß die kleine Gull tadellos in Ordnung war.

Als nächstes ging sie die Sachen durch, die sie mitnehmen wollte, und sortierte schwere Gegenstände wie Ersatzteile für den Motor, eine Leuchtpistole, einen Werkzeugkasten und einen Wasserkanister aus. Wie sie selbst sagte, hatte sie sich entschlossen, alles irgendwie Entbehrliche in Thiès zurückzulassen. Während der verblüffte Flugplatzkommandant zusah, zog sie zwei Abendkleider aus dem Stapel mit aussortierten Gegenständen, faltete sie sorgfältig zusammen und verstaute sie im Gepäckabteil ihrer Maschine. Viele Jahre später erkundigten sich neugierige

Im Schatten unter der Tragfläche ihrer Percival Gull wartet Jean Batten unbekümmert auf Hilfe, nachdem sie auf einer Exkursion nach ihrem Rekordflug über den Südatlantik wegen eines Lecks in der Benzinleitung bei Araruama in Brasilien hatte notlanden müssen. Sie wurde wenig später von brasilianischen Heerespiloten entdeckt und aus ihrer Lage befreit.

Reporter noch immer, weshalb sie sich bei der Wahl der „unentbehrlichen“ Dinge von so lächerlichen weiblichen Gesichtspunkten habe leiten lassen. Jean Batten fertigte die Neugierigen mit einer raschen und einleuchtenden Antwort ab: Die Abendkleider wogen praktisch nichts. Falls ihr Flug gelang, würde sie sie brauchen. Falls sie in den Atlantik stürzte, konnten schwere Ersatzteile ihr nicht weiterhelfen.

Wie sich zeigte, benötigte sie keine Ersatzteile, sondern ihre Abendkleider, obwohl sie sich während des schwierigen Fluges durch Sturmwolken und starke Regenfälle mehrmals bedauerte, daß sie keine Mittel für ein Funkgerät gehabt hatte, das sie als Navigationshilfe hätte benutzen können. Aber auch ohne Funkgerät erwies sich ihre Navigation als erstklassig, denn sie erreichte mühelos die brasilianische Küste bei Natal. Mit einem nur 13 Stunden und 15 Minuten dauernden Ozeanflug hatte sie Jim Mollisons Flugzeit über den Südatlantik um über vier Stunden unterboten. Ihre Gesamtflugzeit für die 8000 km lange Strecke England–Brasilien hatte nur 61 Stunden und 15 Minuten betragen: ein Weltrekord in jeder Hinsicht und für alle Flugzeugtypen – beinahe ein Tag weniger, als Mollison für diese Strecke gebraucht hatte. Nach der Landung faßte sie in wenigen Worten zusammen, was sie empfand: „Ich erlebte erneut die größte und dauerhafteste Freude – die Freude über einen Erfolg.“

In den folgenden Jahren sollte Jean Batten diese Freude noch häufig erleben. Um eine Leistung zu vollbringen, die sie als „das Endziel meines Ehrgeizes“ bezeichnete, und um zu beweisen, daß die Strecke England–Neu-

Jean Batten nimmt 1936 in Paris an einer Veranstaltung des angesehenen Aéro-Club de France teil, auf der sie für ihren historischen Südatlantikflug geehrt wird. Ihr zu Ehren hatten sich die berühmtesten französischen Flieger versammelt, unter anderem auch (rechts neben ihr) Louis Blériot, der als erster den Ärmelkanal überflogen hatte.

seeland zu bewältigen war, flog sie 1936 in elf Tagen – darunter zweieinhalb Tage Wartezeit wegen schlechten Wetters in Sydney – mit ihrer Percival Gull von Lympne nach Auckland. Damit war zum erstenmal eine Direktverbindung zwischen England und Neuseeland hergestellt: eine großartige Leistung für jeden Piloten, aber besonders für eine Pilotin, die diese Strecke mit einer einmotorigen Maschine, deren Gewicht unter 1400 Kilogramm lag, im Alleinflug bewältigt hatte. Erst 1980, also 44 Jahre später, wurde Jean Battens Rekord für einen Alleinflug mit einem Leichtflugzeug auf der Strecke England–Neuseeland unterboten. Als die Pilotin – die Engländerin Judith Chisholm – in Auckland landete, wurde sie von der bisherigen Rekordhalterin Jean Batten begrüßt, die ihren bahnbrechenden Flug 16 Jahre vor der Geburt ihrer Rivalin gewagt hatte.

Der Wunsch, Streckenrekorde aufzustellen oder zu übertreffen, verbreitete sich in den dreißiger Jahren über die ganze Welt. Zu den europäischen Pilotinnen, die den englischen und amerikanischen Langstreckenfliegerinnen nacheiferten, gehörten zwei Französinnen, deren Fliegerlaufbahn auf ganz anderen Gebieten begonnen hatte. Marie-Louise Hilsz – besser unter ihrem Spitznamen Maryse, einer Zusammenziehung von Marie-Louise, bekannt – verdiente sich ihr Geld anfangs als Berufsfallschirmspringerin, die für 500 Franc pro Absprung Zuschauermassen in ganz Europa begeisterte. Im Jahre 1930 erwarb sie jedoch ein Flugzeug – ebenfalls eine Gipsy Moth – und faßte den ehrgeizigen Entschluß, die 24 000 Kilometer von Paris nach Saigon, im damaligen Französisch-Indochina, und zurück zu bewältigen. Sie wurde durch eine Reihe von Pannen immer wieder aufgehalten und benötigte drei äußerst anstrengende Monate für den Hin- und Rückflug, aber sie war die erste Frau, die jemals beide Strecken bewältigt hatte. Nachdem sie 1933 von Frankreich nach Japan geflogen war, nahm sie die Strecke Paris–Saigon erneut in Angriff – diesmal mit einer größeren und stärkeren Maschine – und erreichte Indochina in der neuen Rekordzeit von insgesamt 5 Tagen und 9 Stunden.

Marie-Louise Bastié, die ebenfalls Französin war und auch Maryse genannt wurde, begann ihre Fliegerlaufbahn damit, daß sie Dauerrekorde aufstellte und überbot. Im Jahre 1929 brach sie den Alleinflug-Dauerrekord für Frauen, indem sie 26 Stunden und 48 Minuten über dem Pariser Flughafen Le Bourget kreiste; im Jahr darauf hielt sie fast 38 Stunden durch und stellte damit einen neuen Weltrekord auf.

Aber die Dauerrekordlerin erlag bald der Faszination von Langstreckenflügen, in denen sie eine größere Herausforderung sah. Am 28. Juni 1931 startete sie in Le Bourget mit einer kleinen Caudron mit 40-PS-Motor, die so viel Zusatztreibstoff mitführte, daß sie buchstäblich ein fliegendes Benzinfaß war. Maryse Bastié überflog Nordfrankreich und Deutschland und nahm Kurs auf die Ebenen Rußlands. Sie steuerte bei ihrem Flug über eine weite Landschaft ohne Orientierungspunkte nach dem Kompaß, überflog am nächsten Morgen Moskau und landete schließlich bei Nischni Nowgorod, dem heutigen Gorki. Sie hatte fast 3000 Kilometer zurückgelegt – eine größere Distanz in gerader Strecke ohne Zwischenlandung als jede andere Pilotin. Außer ihr war noch niemand so weit in einem Leichtflugzeug ohne Zwischenlandung geflogen.

Da Maryse Bastié nun eine berühmte Pilotin war, konnte sie auch von der Fliegerei leben. Sie machte etwa zwei Jahre lang Werbung für die Potez-Flugzeugwerke und unterrichtete dann an einer französischen Flieger-

Vor dem Weiterflug nach Neuseeland steht Jean Battens Maschine (unten links) im Jahre 1936 auf dem Flugplatz Mascot in Sydney auf dem Vorfeld. Die von der Menge umjubelte Pilotin, die soeben in der neuen Rekordzeit von acht Tagen aus England angekommen war, erinnerte die Australier nüchtern daran, daß „der Flug noch nicht zu Ende ist".

schule. Langstreckenflüge faszinierten sie jedoch nach wie vor. 1934 flog sie von Paris nach Tokio und zurück, womit sie als erste Frau beide Strecken im Alleinflug bewältigte. Ihr Ehrgeiz flammte 1935 erneut auf, als sie von Jean Battens Rekordflug über den Südatlantik hörte. Da Maryse Bastié nicht genug Geld für ein geeignetes Flugzeug hatte, brachte sie schließlich die Firma Caudron dazu, ihr einen ihrer neuesten, schnellsten Eindecker zu leihen, und startete im September 1936 von Paris nach Dakar. Von Dakar aus flog sie geradewegs nach Natal in Brasilien. Sie bewältigte die Transatlantikstrecke in 12 Stunden und 5 Minuten – über eine Stunde schneller als Jean Batten. Im Zweiten Weltkrieg flog Maryse Bastié in der Luftwaffe des „Freien Frankreichs" von de Gaulle. Sie fand 1952 beim Absturz einer von einem anderen Piloten geflogenen Maschine den Tod.

Wie Maryse Bastié begann sich die Engländerin Beryl Markham erst für Langstreckenflüge zu interessieren, nachdem sie sich auf einem ganz anderen Sektor der Fliegerei bewährt hatte. Im Jahre 1903 geboren, kam sie im Alter von vier Jahren mit ihrer Familie nach Britisch-Ostafrika (heute Kenia). Dort wurde sie eine begeisterte Reiterin und erfolgreiche Pferdetrainerin, bis sie im Jahre 1930 die Welt des Fliegens entdeckte. Innerhalb von eineinhalb Jahren sammelte sie 1000 Flugstunden an und machte den Berufspilotenschein. Danach verdiente sie sich ihren Lebensunterhalt als Buschpilotin und flog Tag und Nacht von Nairobi aus ins

Nach ihrem Flug über den Nordatlantik steckt Beryl Markhams Vega Gull mit der Nase in einem Moor auf Cape Breton Island, Neuschottland.

ostafrikanische Hinterland. Sie flog Post, beförderte Passagiere und brachte dringend benötigte Medikamente zu abgelegenen Bergwerkssiedlungen und Jagd-Camps. Sie übernahm auch Versorgungsflüge für Safaris und machte aus der Luft die Standorte von Wild aus für bekannte amerikanische Großwildjäger wie Alfred Vanderbilt und Winston Guest.

Zur Abwechslung flog Beryl Markham viermal die Strecke Ostafrika–England und zurück. Als sie im Jahre 1936 zum drittenmal nach London geflogen war, beschloß sie, in Ost-West-Richtung über den Nordatlantik zu fliegen. Wegen der dabei herrschenden Gegenwinde war die geplante Ost-West-Überquerung erheblich gefährlicher und würde länger dauern als ein Transatlantikflug von Westen nach Osten. Beryl Markham wollte damit einen neuen Rekord für Leichtflugzeuge aufstellen. Die Engländerin, die nach eigenen Berechnungen beruflich über 400 000 Kilometer geflogen war, sah keinen Grund, weshalb es ihr nicht gelingen sollte, mit einer neuen Percival Vega Gull trotz Gegenwindes, regnerischen Herbstwetters und ohne Funkgerät, das ihr als Navigationshilfe hätte dienen können, im Direktflug New York von England aus zu erreichen.

Beryl Markham startete am 4. September 1936 im englischen Abingdon und flog mit der Nacht nach Westen. Der Wind frischte auf, und es regnete, während sie 19 Stunden lang blind durch Nacht und Sturm flog. Als es schließlich um sie herum hell wurde und sie noch immer Wasser unter sich sah, rechnete sie damit, auf dem Flugplatz Sydney auf Cape Breton Island in Neuschottland zwischenlanden und vor dem Weiterflug nach New York noch einmal tanken zu können.

Aber als sie die Küste Neuschottlands ansteuerte, begann der Motor ihres Flugzeugs zu stottern und setzte zwischendurch immer wieder aus. Da Beryl Markham annahm, daß die Benzinzufuhr durch eine Luftblase in ihrem letzten Reservetank behindert wurde, versuchte sie, den Defekt dadurch zu beseitigen, daß sie an den Benzinhähnen aller Tanks drehte, bis ihre Hände so stark bluteten, daß das Blut auf ihre Fliegerkombination und ihre Karten tropfte. Aber alles half nichts, und der stotternde Motor stand endgültig still, als die Vega Gull noch mehrere Kilometer vom Sydney Airport entfernt war. Das Flugzeug raste mit stehendem Propeller auf den mit Felsblöcken übersäten dunklen Boden zu.

In ihren Memoiren schilderte Beryl Markham die nun folgenden Ereignisse: „Die Erde rast mir entgegen, ich lege die Maschine schräg, kurve und slippe, um den Felsblöcken auszuweichen, meine Räder setzen auf, und ich spüre, wie sie einsinken. Die Nase des Flugzeugs steckt im Schlamm, ich werde nach vorn geworfen, schlage mit dem Kopf gegen die Windschutzscheibe, höre sie zersplittern und spüre, wie mir das Blut übers Gesicht läuft.

„Ich klettere mühsam aus der Maschine, versinke bis zu den Knien im Morast, stehe da und starre benommen nicht auf das menschenleere Land, sondern auf meine Uhr.

„21 Stunden und 25 Minuten. Transatlantikflug. Von Abingdon, England, bis zu einem namenlosen Sumpf – ohne Zwischenlandung."

Ein solcher Versuch, nach New York zu fliegen, der mit einem Kopfstand in einem Moor in Neuschottland geendet hatte, entsprach nicht gerade dem, was eine Berufspilotin sich unter einem vollen Erfolg vorstellte. Trotzdem war es eine nicht zu unterschätzende Leistung gewesen, den Nordatlantik mit einem kleinen, einmotorigen Flugzeug entgegen der Hauptwindrichtung von Ost nach West zu überqueren, und Beryl Markham war die erste Frau, der dies gelungen war.

Für deutsche Pilotinnen war es dagegen in den Jahren zwischen den Weltkriegen im allgemeinen sehr schwierig, Rekordflüge zu versuchen. Die Bestimmungen des Versailler Vertrags verboten Deutschland den Besitz von Flugzeugen, die sich möglicherweise militärisch verwenden ließen. Die deutschen Flieger mußten sich im allgemeinen mit Segel- oder kleinen Sportflugzeugen zufriedengeben und waren verpflichtet, bestimmte Reichweiten nicht zu überschreiten.

Thea Rasche, die als erste Frau im Nachkriegsdeutschland ihren Pilotenschein gemacht hatte, befriedigte ihre Flugbegeisterung, indem sie sich als Kunst- und Wettbewerbsfliegerin in den Vereinigten Staaten, Frankreich und Deutschland mit den besten Piloten der damaligen Zeit maß. Elly Beinhorn schaffte es, mit einem winzigen Klemm-Eindecker mit 80-PS-Motor im Jahre 1931 in kurzen Etappen von Deutschland in den fernen Osten und ein Jahr später von Deutschland aus nach Australien zu fliegen. Von dort aus verfrachtete sie ihr Flugzeug mit einem Schiff nach Südamerika und flog anschließend über die Anden, wobei sie sich mühsam einen Weg zwischen den Gipfeln suchen mußte, die ihr kleines Flugzeug nicht übersteigen konnte. Obwohl dieses Gebirge schon von anderen bezwungen worden war – zum Beispiel im Jahre 1921 von der französischen Pilotin Adrienne Bolland –, war eine Andenüberquerung noch immer ein lebensgefährliches Abenteuer. Elly Beinhorn krönte ihre Erfolge damit, daß sie den afrikanischen Kontinent umflog.

Eine dritte bemerkenswerte deutsche Pilotin, die 1907 geborene Marga von Etzdorf, schaffte es sogar während der Zeit, als das alliierte Verbot gültig war, größere und schwerere Maschinen zu fliegen. Sie machte im Jahre 1927 ihren Pilotenschein und bekam rasch eine Stellung als Kopilotin bei der Deutschen Lufthansa. Auf diese Weise hatte sie die für deutsche Piloten und Pilotinnen damals ungewöhnliche Gelegenheit, große Flugzeuge zu fliegen – noch dazu regelmäßig auf einer verhältnismäßig langen Luftverkehrsstrecke von Berlin über Stuttgart nach Basel.

Marga von Etzdorf spürte bald den Drang, noch weitere Strecken zu fliegen. Sie kaufte eine kleine Junkers Junior mit 80-PS-Motor, lernte Kunstfliegen und startete im Jahre 1930 von Berlin aus zu einem Reiseflug nach Istanbul mit einigen Zwischenlandungen auf dem Balkan. Als nächstes unternahm sie einen längeren Flug mit mehreren Überwasserstrecken, der von Deutschland zu den Kanarischen Inseln führte. Obwohl dieser Flug mit einem Unfall in Sizilien endete – Marga von Etzdorf mußte auf die für eine Fliegerin demütigende Weise mit dem Zug nach Hause fahren –, war er eine gute Vorbereitung für ihren erfolgreichsten Langstreckenflug, der 1931 in elf Tagen von Berlin nach Tokio führte.

Die nun in den Kreis der berühmtesten deutschen Pilotinnen aufgestiegene Marga von Etzdorf wurde zu einer Art Botschafterin der deutschen Fliegerei und hielt in einem halben Dutzend Staaten Vorträge über ihren Tokioflug. Dann startete sie 1933 zu einem weiteren Langstreckenflug, der von Deutschland nach Australien führen sollte. Alles ging gut, bis sie die zweite Etappe ihres Fluges mit einer Landung in der syrischen Stadt Aleppo abschließen wollte. Böiger Wind und Sandwirbel waren schuld daran, daß sie auf dem Flugplatz Aleppo die Landestrecke falsch einschätzte und gegen eine Barriere am Platzrand aufprallte.

Marga von Etzdorf war nicht ernstlich verletzt, aber ihr Flugzeug war so schwer beschädigt, daß sie den Traum von einem triumphalen Rekordflug begraben mußte. Diese Demütigung konnte sie nicht überwinden. In dem

Drei der berühmtesten deutschen Pilotinnen – Liesel Bach, Thea Rasche und Elly Beinhorn – geben sich optimistisch vor dem Deutschlandflug 1931, einem sowohl Piloten wie Pilotinnen offenstehenden Überlandflug mit zahlreichen Etappen. Thea Rasche flog nicht mit, weil sie damals kein eigenes Flugzeug besaß.

Gefühl, ihre adlige Familie und ihr Vaterland entehrt zu haben, zog sie sich in einen Raum neben dem Speisesaal auf dem Flugplatz zurück – angeblich, um sich auszuruhen – und erschoß sich. Da sie eine der bekanntesten und berühmtesten deutschen Pilotinnen gewesen war, erhielt sie auf Befehl Adolf Hitlers ein Staatsbegräbnis.

Nur wenige deutsche Piloten und Pilotinnen hatten wie Marga von Etzdorf Gelegenheit, Motorflugzeuge zu fliegen. Die meisten mußten sich mit Segelflugzeugen zufriedengeben. Zu den besten Segelfliegerinnen – und den erfahrensten Pilotinnen, die es je gegeben hat – gehörte Hanna Reitsch, eine kleine Blondine mit leuchtenden blauen Augen und strahlendem Lächeln, die in den dreißiger Jahren mit Segelflugzeugen Tausende von Höhenmetern erreichte und bis zu elf Stunden lang in der Luft blieb.

Hanna Reitsch wurde am 29. März 1912 in der schlesischen Stadt Hirschberg am Fuße des Riesengebirges geboren. Wie sie in einem ihrer autobiographischen Bücher schilderte, hatte sie schon als kleines Mädchen vom Fliegen geträumt; sie bewunderte „die Störche in ihrem ruhigen Flug ... und den Bussard, der hoch und kreisend steigt". Ihre Sehnsucht zu fliegen, „wuchs mit jedem Vogel, den ich fliegen sah, mit jeder sommerlichen Himmelsbläue und mit jeder segelnden Wolke darin. Er wurde ein Verlangen, eine Sehnsucht und schließlich ein tiefes Heimweh, das in mir saß und mich nicht mehr losließ."

Wie manche anderen Fliegerinnen mußte Hanna Reitsch energischen elterlichen Widerstand überwinden, bevor sie ihren Pilotenschein machen durfte. In der Familie Reitsch galt es als selbstverständlich, daß ein Mädchen die Aufgabe habe, zu heiraten und Kinder zu bekommen. Trotzdem konnte ihr Vater, der in Hirschberg eine Augenklinik leitete, nicht umhin, seine Tochter zu ermutigen, als sie den Wunsch äußerte, Ärztin zu werden. Er war jedoch weniger begeistert, als sie mit 13 oder 14 Jahren Missionsärztin werden wollte – eine *fliegende* Missionsärztin. Dr. Reitsch schlug seiner Tochter schließlich einen Pakt vor: „Wenn es mir gelingen würde, bis zum Abitur kein Wort mehr vom Fliegen zu erwähnen, sollte ich zur Belohnung die Erlaubnis erhalten, nach der Prüfung an einem Segelflugkurs in Grunau, das in der Nähe von Hirschberg lag und eine bekannte Segelfliegerschule besaß, teilzunehmen."

Hanna Reitsch, die ihre wahren Ambitionen verschwieg, lernte fleißig und machte das Abitur. Ihr Vater zog es vor, ihre Übereinkunft zu vergessen, und schenkte ihr in seiner Freude eine alte goldene Uhr. Hanna gab sie ihm ruhig zurück und erinnerte ihn an sein Versprechen. Als weitere väterliche Überredungskünste wirkungslos blieben, gab Dr. Reitsch schließlich nach und ließ seine Tochter an einem Segelfliegerkurs teilnehmen.

Anfang der dreißiger Jahre war die Segelfliegerschule Grunau eines der Zentren der deutschen Segelfliegerei, und ihr Leiter Wolf Hirth genoß in Fliegerkreisen einen ausgezeichneten Ruf. Wem es gelang, sich sein Wohlwollen zu erwerben, hatte gute Aussichten, es in der deutschen Luftfahrt weit zu bringen.

Hanna Reitsch merkte, daß sie als erstes um Anerkennung und Respekt von seiten der anderen Flugschüler kämpfen mußte. Sie war die einzige Lehrgangsteilnehmerin und noch immer ein kleiner, zierlicher Backfisch: „Ich war hundertvierundfünfzig Zentimeter groß und kaum neunzig Pfund schwer. Zudem ein Mädchen. Kein Wunder, daß ich von den umstehenden Jungen manchen Spott hörte, denn ein Mädchen sollte vernünftigerweise bei den Kochtöpfen bleiben."

Um ihre Fliegerkameraden zu beeindrucken, begann sie wagemutig und machte mit einem Schulgleiter einen kurzen Flug, obwohl sie nur den Starthang hätte hinunterrutschen sollen. Die *Grunau 9* schwankte gefährlich, bäumte sich auf und landete hart. Dieser vorzeitige Flug brachte Hanna Reitsch viele unerbetene Ratschläge von den Jungen ein – und ein dreitägiges Startverbot wegen Ungehorsams.

Aber während sie am Boden schmachtete, beobachtete sie jeden kurzen Flug mit dem Schulgleiter, prägte sich jedes Wort der Fluglehrer ein und übte nachts im Bett mit einem Stock als Steuerknüppel alle Manöver. Ihre Konzentrationsfähigkeit war so ausgeprägt, daß sie die Leistungen der übrigen Lehrgangsteilnehmer fast unmittelbar nach Ablauf ihres Startverbots mit Leichtigkeit übertraf. Sie erwarb den A-Schein so mühelos, daß der große Wolf Hirth ihre weitere Ausbildung selbst übernahm.

Einige Tage nach Hanna Reitschs C-Prüfung lud Hirth seine begabte Schülerin zu einem Flug mit dem neuesten Flugzeug der Segelfliegerschule Grunau ein. Das war eine große Ehre, denn nur Hirth und die Fluglehrer hatten bisher damit fliegen dürfen. Jetzt erhielt eine zierliche Neunzehnjährige die Erlaubnis, damit so lange zu fliegen, wie sie wollte – und die Windverhältnisse es zuließen.

„Zum erstenmal flog ich nun, ohne an eine Einschränkung gebunden zu sein", schrieb sie später. „Zum erstenmal war ich frei wie der Vogel. Mit einem wahren Hochgefühl startete ich und segelte nun, solange der Wind blies, machte mein musikalisches Schatzkästlein auf und holte die schönsten Lieder daraus hervor. Ich sang in den Himmel hinein, dem ich entgegenflog, und merkte kaum, daß es kalt wurde, teils regnete, teils schneite und es dort oben eigentlich höchst ungemütlich war. Nach mehr als fünf Stunden Flugzeit ließ der Wind nach, und ich war zum Landen gezwungen."

Nach der Landung wurde sie von einer aufgeregten Menge begrüßt und zu dem neuen Dauerweltrekord für Frauen beglückwünscht, den sie mit ihrem Fünfstundenflug aufgestellt hatte.

Hauptsächlich ihrem Vater zu Gefallen nahm Hanna Reitsch in Berlin das Medizinstudium auf, merkte aber bald, daß die Beschaffenheit von Flugzeugen sie auch weiterhin mehr interessierte als die menschliche Anatomie. Als sie im Mai 1933 in den Semesterferien wieder in Hirschberg war, erlebte sie einen wunderbaren, aber auch beängstigenden Flug, der den Anstoß zur Beendigung ihres Medizinstudiums gab. An einem warmen, wolkenlosen Tag hielt Wolf Hirth sie auf der Straße an und lud sie zu einem Flug mit dem *Grunau-Baby* – einem damals neuen Schulflugzeug – ein. Hanna Reitsch fuhr mit ihm nach Grunau, stieg im Sommerkleid in das Flugzeug und bereitete sich auf einen simulierten Blindflug vor, indem sie die Instrumente studierte.

Der Flug begann harmlos, aber nach einigen Minuten begann das Segelflugzeug abrupt zu steigen. Starke Aufwinde rissen es mit drei bis vier Metern in der Sekunde in die Höhe – auf 1000, 1200, 1600 Meter und noch höher. „Plötzlich setzt ein Schlagen wie von tausend Steinen auf den Flügelflächen ein, zuerst leicht, dann immer stärker werdend, ein teuflisches MG-Geknatter, das mir sinnlose Angst bis ins Innerste jagt. Durch schon fast vereiste Fenster sehe ich, daß die Wolke jetzt Regen und Hagelkörner speit."

Die Maschine stieg weiter, bis die Instrumente anfingen, immer träger zu werden, und in 2950 Meter Höhe unter den ungläubigen Blicken der Pilotin stehenblieben, weil sie vereist waren. Und das Flugzeug gehorchte dem Steuer nicht mehr, während es in der Gewitterwolke geschüttelt und

Marga von Etzdorf, die erste Deutsche mit Berufspiloten-, Segelflieger-, Privatpiloten- und Kunstflugschein, neben einem der vielen von ihr geflogenen Flugzeugmuster. Neben ihrer Fliegertätigkeit hielt sie in Europa und Asien eine Reihe von Vorträgen über Luftfahrt.

herumgeworfen wurde. „Dabei schlottere ich an allen Gliedern. Ist es Angst oder ist es, weil ich hier oben, dreitausend Meter über der Erde, zwischen Regen, Hagel und Schnee in meinem Sommerkleid... sitze mit bloßen, blaugefrorenen Händen?"

Plötzlich merkte sie, daß es um sie herum heller und wärmer wurde – und daß die Erde sich jetzt über ihr statt unter ihr befand: die Gewitterwolke hatte das Segelflugzeug im Rückenflug ausgespuckt. Hanna Reitsch griff mechanisch ins Steuer, brachte ihre Maschine in die Normalfluglage, landete neben der Wiesenbaude, startete von dort wieder und landete bei sinkender Nacht glatt auf einem Acker wenige Kilometer vor Hirschberg. Zu Hause erfuhr sie dann, daß sie mit dem *Grunau-Baby* in der Gewitterwolke unbeabsichtigt einen neuen, erstaunlichen Höhenweltrekord für Segelflugzeuge aufgestellt hatte.

Wenige Monate nach diesem ungewollten Rekordflug wurde Hanna Reitsch von Professor Walter Georgii, dem 44jährigen Leiter der Deutschen Forschungsanstalt für Segelflug, zur Teilnahme an einer Expedition zur Erforschung der Aufwindverhältnisse in Südamerika aufgefordert. Sie sagte begeistert zu und verdiente sich die 3000 Mark, die jeder Expeditionsteilnehmer als Unkostenbeitrag aufbringen mußte, durch Kunstflüge in dem romantischen Film *Rivalen der Luft*, dessen Heldin eine Segelfliegerin war.

In Südamerika war Hanna Reitsch Anfang 1934 wie gewohnt die einzige Pilotin in einer Gruppe von Männern. In Brasilien und Argentinien sollte sich das jedoch als Vorteil erweisen. Die zierliche 21jährige Deutsche mit

Von SS und SA flankiert, liegt Marga von Etzdorf im Juli 1933 in Hamburg aufgebahrt, nachdem sie sich nach einer Bruchlandung in Syrien erschossen hatte – angeblich wegen kränkender Bemerkungen eines französischen Offiziers, der ihr Unfähigkeit vorgeworfen hatte.

ihrem Wagemut und dem bezaubernden Lächeln, die an Empfängen teilnahm und vor begeisterten Zuschauern Kunstflüge vorführte, wenn sie nicht gerade mit Forschungsaufgaben beschäftigt war, war augenblicklich populär. Sie stellte ihre einzigartigen Fähigkeiten mit einem Streckenflug über die argentinischen Pampas unter Beweis und erwarb sich während ihres Südamerikaaufenthalts als erste Frau der Welt das begehrte Leistungsabzeichen für Segelflieger.

Nach ihrer Rückkehr nach Deutschland ging Hanna Reitsch auf Drängen Professor Georgiis an die von ihm geleitete Deutsche Forschungsanstalt für Segelflug in Darmstadt. Sie gehörte ihr elf Jahre lang an und unterbrach ihre Arbeit gelegentlich für kurze Zeit, um zahlreiche neue Erfahrungen zu sammeln. Einige Wochen nach ihrem Eintritt in die DFS stellte sie einen neuen Streckenweltrekord für Frauen auf, indem sie mit einem Segelflug eine Strecke von 160 Kilometern, von Griesheim nach Reutlingen, zurücklegte. Wenige Wochen später durfte die damals erst 22jährige Hanna Reitsch an einem Lehrgang auf der Verkehrsfliegerschule Stettin teilnehmen, wo sie mit zweimotorigen Maschinen Streckenflüge und Kunstflug übte – und wieder einmal die einzige Frau des ganzen Lehrgangs war, dessen männliche Teilnehmer sie rasch zu respektieren lernten.

Ihre wichtigsten Beiträge für die Weiterentwicklung der Luftfahrt machte Hanna Reitsch jedoch im Rahmen ihrer DFS-Arbeit. Sie flog dort neue Segel- und Motorflugzeugtypen ein und machte Probeflüge mit bereits zugelassenen Maschinen, deren Leistungen verbessert werden sollten. Als sich im Jahre 1936 die tödlichen Abstürze von Segelfliegern häuften, erhielt Hanna Reitsch den Auftrag, eine neukonstruierte Bremsklappe zu erproben, die stabilisierend wirken und die Geschwindigkeit eines Segelflugzeugs selbst im senkrechten Sturz begrenzen sollte. Diese an der Ober- und Unterseite der Tragflächen angebrachten Bremsklappen konnten vom Piloten je nach Bedarf aus- oder eingefahren werden.

Beim ersten Versuch waren die durch die Bremsklappen hervorgerufenen Luftwirbel bei einem steilen Gleitflug aus 4000 Meter Höhe so stark, daß die ganze Maschine erzitterte und Hanna Reitsch der Steuerknüppel aus der Hand geschlagen wurde. Sie wußte, daß dieses Schütteln im Sturzflug so stark werden konnte, daß das Segelflugzeug in der Luft „abmontierte". Die Bremsklappen mußten offensichtlich verbessert werden. Tag für Tag, Woche für Woche konstruierten und erprobten Hanna Reitsch und ihre Kollegen neue Verbesserungen an den Sturzflugbremsen. In Höhen zwischen 4500 und 6000 Metern experimentierte sie mit den neuen Bremsklappen, bis schließlich die letzte Phase – der senkrechte Sturz – vor ihr lag. „Und so setzte ich jetzt, angespannt bis in den letzten Nerv, von neuem an zum Sturz in die Tiefe. Tausend, zweitausend, dreitausend Meter geht es senkrecht nach unten. Die Maschine liegt ruhig wie ein Brett in der Luft und überschreitet die Geschwindigkeit von zweihundert Kilometern in der Stunde nicht... Etwa zweihundert Meter über dem Boden fange ich die Maschine ab, fahre die Bremsklappen ein und lande, während das Blut noch hart bis in die Schläfen pocht."

Fliegerkameraden, Institutsdirektoren und Mechaniker kamen herbeigerannt, um Hanna Reitschs mutigen Flug und den gemeinsamen Erfolg zu feiern. Tatsächlich war die Entwicklung der Sturzflugbremse ein Meilenstein in der Luftfahrtgeschichte. Ein Jahr später hatte Hanna Reitsch die Genugtuung, Militärflugzeuge zu fliegen, die mit den von ihr erprobten Sturzflugbremsen ausgerüstet waren.

Beim 17. Rhön-Segelflug-Wettbewerb 1936 begrüßt die Segelfliegerin Hanna Reitsch den Luftwaffenoberst Alfred Mahnke mit einem kräftigen Händedruck und unbekümmertem Lachen. Für ihre Leistungen bei der Entwicklung der Sturzflugbremse wurde sie 1937 von Hitler mit dem Titel Flugkapitän ausgezeichnet.

Im September 1937 begann auch ein neues Kapitel in Hanna Reitschs Leben. Trotz der durch den Versailler Vertrag auferlegten Beschränkungen hatte das Dritte Reich heimlich eine Luftwaffe aufgebaut. Sie war der Weltöffentlichkeit im März 1935 präsentiert worden, und Hanna Reitsch wurde als Einfliegerin an die Flugerprobungsstelle der Luftwaffe in Rechlin, Mecklenburg, berufen. Sie nahm begeistert die Gelegenheit wahr, „Stukas, Bomber, Jagdmaschinen und was sonst vorhanden war" zu fliegen. Damals flog sie auch als erste Frau der Welt einen Hubschrauber, führte mit einem Versuchsmuster, der Focke-Wulf 61, eine Serie von Erprobungsflügen durch und krönte sie 1937 mit öffentlichen Flugvorführungen in der riesigen Berliner Deutschlandhalle. Nach einer Revue mit „tanzenden Girls, Fakiren, Clowns, Schwarzen und Weißen" wirkten ihre sensationellen Schwebeflüge so einfach und wenig spektakulär, daß die Zuschauer die Bedeutung dieses ersten wirklich funktionsfähigen Hubschraubers und die Virtuosität seiner Pilotin gar nicht zu würdigen wußten.

Aber technisch Gebildete, die sich die militärische Verwendbarkeit des Hubschraubers vorstellen konnten, waren zutiefst beeindruckt – und im Ausland auch beunruhigt wegen dieser Demonstration der gewaltigen Fortschritte der Deutschen auf luftfahrttechnischem Gebiet.

Für Hanna Reitsch sollte bald eine Zeit kommen, in der sie von der internationalen Kameradschaft mit anderen berühmten Fliegern abge-

schnitten war. Zuvor reiste sie jedoch im Jahre 1938 mit zwei anderen deutschen Piloten nach Amerika zu den Nationalen Luftrennen in Cleveland. Wie so viele ausländische Besucher stand sie staunend vor 300 Meter hohen New Yorker Wolkenkratzern, denn „in dreihundert Meter Höhe hatte ich meine Geschicklichkeitsprüfung im Motorfliegen ablegen müssen“. Und war nicht weniger über die morgendliche Flaggenhissung in Cleveland verblüfft: „Diese Handlung nahmen Schönheitsköniginnen in Badekostümen vor... Undenkbar für das alte Europa, das darin eine Entweihung sehen würde.“

Hanna Reitsch startet beim Rhön-Wettbewerb 1936 mit ihrem eigens für sie gebauten Sperber-Junior. Als einzige Frau unter 61 Teilnehmern landete sie mit diesem Flugzeug, „das mir wie ein Kleid angemessen war, daß auch ich mich kaum rühren konnte“, auf dem fünften Platz.

Aber die junge Deutsche genoß die Aufgeschlossenheit und Freundlichkeit der Amerikaner und hielt anerkennend fest: „Der amerikanische Mann trägt seiner Frau die Einkaufstasche, schiebt... den Kinderwagen und hilft ihr beim Abwaschen des Geschirrs." Außerdem fielen ihr „seine natürliche Ritterlichkeit und seine Rückhältigkeit" angenehm auf.

Hanna Reitsch erkannte jedoch nicht, daß diese privat geübte Ritterlichkeit meist nicht in der Welt der Luftfahrt galt und daß selbst die besten amerikanischen Pilotinnen nicht die Anerkennung, die Chancen und die zustehende Bezahlung erhielten, auf die sie Anspruch gehabt hätten.

Die Herzogin von Bedford ist im Begriff, ein Band zu zerschneiden, um den Start für die Gipsy Moth freizugeben. Obwohl auf dem Programmheft (links) artistische Vorführungen angekündigt waren, fanden keine statt.

Fliegerinnen im Störfeuer männlicher Kritik

Als die englischen Pilotinnen im Jahre 1931 ihren Ersten Flugtag für Fliegerinnen auf dem Flugplatz Sywell veranstalteten, wurden sie immer wieder daran erinnert, daß sie als Frauen gegen ein spezielles Problem anzukämpfen hatten, das so groß wie alle durch Wetter, Pannen oder Konkurrentinnen verursachten Schwierigkeiten war: die herablassende Einstellung der Männer. „Ich habe noch bei keiner Flugveranstaltung einen so hohen Prozentsatz gutaussehender und gutgekleideter junger Frauen gesehen", schrieb ein Journalist, der zudem anmerkte, die Veranstaltung sei „emotionaler als sonst" verlaufen.

Als er sich endlich dazu überwinden konnte, von der eigentlichen Veranstaltung zu berichten, behauptete er, die Teilnehmerinnen des Hauptrennens hätten die zuschauenden männlichen Piloten so zermürbt, daß diese sich unter Automobile geflüchtet und später die Flughafenbar gestürmt hätten, um sich Mut anzutrinken. Ein anderer Beobachter lobte eine der Frauen, weil sie mit einem Flugzeug mit stotterndem Motor gelandet war, ohne dabei die Nerven zu verlieren und die Zuschauer niederzumähen. Das sei „eine wirklich mutige Haltung" gewesen, schrieb er mit falscher Herzlichkeit.

Trotz der „kritisch eingestellten Männlichkeit auf allen Seiten", wie eine Zeitschrift eingestand, wurde die Veranstaltung ein Erfolg. Die Teilnahme von gesellschaftlicher Prominenz wie der Herzogin von Bedford *(links und unten)* förderte das öffentliche Interesse an der weiblichen Fliegerei beträchtlich.

Pilotinnen und Organisatorinnen der Veranstaltung mit der Herzogin von Bedford, deren Blumenstrauß von der zur Eröffnung gestarteten Gipsy Moth abgeworfen wurde. Von links nach rechts sind zu sehen: eine Pilotin, die Honourable Mrs. Victor Bruce; Molly Olney, eine der Mitveranstalterinnen des Flugtages; die Herzogin und die Gräfin Drogheda.

Die mit Fliegerhaube und Monteuranzug zweckmäßig bekleidete Dorothy Spicer wirft den Motor der Spartan an, die sie gemeinsam mit Pauline Gower flog.

Beim Zieleinflug schwebt Susan Slades Moth (links) als erste zur Landung ein; dahinter die Bluebird der Honourable Mrs. Victor Bruce (rechts).

4

Die Frau, die „nur noch einen guten Flug" wollte

Amelia Earhart sah sich nicht als Symbol oder Anführerin eines feministischen Kreuzzuges, aber sie war beides. Nach Aussage ihrer Freundin Louise Thaden waren ihre persönlichen Ambitionen „zweitrangig hinter dem unstillbaren Verlangen, Frauen in die Luft zu bringen und ihnen dann die Anerkennung zu verschaffen, die sie ihrer Überzeugung nach verdienten". In Vorträgen, Interviews und Zeitungsartikeln sprach sie sich freimütig gegen ein Erziehungssystem aus, das „die Menschen weiterhin nach ihrem Geschlecht einteilt und in kleine weibliche oder männliche Fächer steckt". Ebenso kritisch beurteilte sie eine Gesellschaft, in der „Mädchen beschützt und manchmal so verhätschelt werden, daß sie alle Eigeninitiative verlieren und Sprüchen wie ‚Das tun Mädchen nicht' und ‚Das können Mädchen nicht', die als Wegweiser an ihrem Lebensweg stehen, allmählich Glauben schenken".

Für andere Frauen war Amelia Earhart eine Offenbarung und eine Persönlichkeit. Nach herkömmlichen Begriffen war sie nicht besonders hübsch, aber sie war auf ungezwungene Art sehr anziehend. Sie war intelligent, ohne hochmütig zu sein, sprach sanft, aber überzeugend, lächelte und scherzte gern, sie war erfolgreich, bescheiden und selbständig – alles Dinge, von denen viele Frauen träumten.

Manchmal wurde sie gefragt oder fühlte sich zu einer Erklärung verpflichtet, aus welchem Grund sie ihre gefährlichen Langstreckenflüge unternommen habe. „Frauen müssen versuchen, etwas zu erreichen, wie es Männer vor ihnen versucht haben", schrieb sie ihrem Mann, George Putnam, vor einem besonders gefährlichen Unternehmen. „Sollten sie Schiffbruch erleiden, darf ihr Mißerfolg nur ein Ansporn für andere sein."

Das erschien manchen Kritikern als reichlich triviale Begründung für etwas, bei dem man sein Leben riskierte. Aber AE, wie sie sich gern nennen ließ, sah darin ein völlig legitimes Motiv, einen Akt der Selbstverwirklichung. Amelia Earhart war vor allem sich selbst treu, und sie konzentrierte ihre beträchtliche Energie weiterhin auf ihre Fliegerkarriere.

Am 24. August 1932, drei Monate nach ihrem Alleinflug über den Atlantik, flog sie mit ihrer Lockheed Vega ohne Zwischenlandung von Los Angeles nach Newark, New Jersey, legte 3987 Kilometer in 19 Stunden und 5 Minuten zurück und stellte einen neuen Streckenrekord für Frauen auf. Die Flugdauer bedeutete zugleich eine persönliche Bestleistung für AE, die damit ihren bisher längsten Alleinflug gemacht hatte. Elf Monate später, im Juli 1933, wiederholte sie dann den Flug von Küste zu Küste und stellte

Amelia Earhart fliegt 1937 über die Oakland Bay Bridge in Kalifornien – kurz nach dem Start zu dem ersten ihrer beiden ehrgeizigen Versuche, in ihrer speziell ausgerüsteten Lockheed Electra die Welt zu umfliegen.

Diese Ortskennzeichnung in Selkirk, New York, zeigt an, wo der nächste Flugplatz liegt (1/2 Meile entfernt), und gibt den Kurs nach Albany an.

Ortskennzeichen: die Wegweiser der Luftrouten

Phoebe F. Omlie vom Staatlichen Beratenden Ausschuß für Luftfahrt stellte fest, daß „eine Luftverkehrsstrecke ohne Markierungen einer Straße ohne Wegweiser gleicht“, und schlug 1935 vor, die Dächer geeigneter Gebäude in ganz Amerika mit Städtenamen und Richtungspfeilen zu bemalen.

Auf Vorschlag von Eleanor Roosevelt engagierte das Bundesamt für den Luftverkehr Pilotinnen, darunter Louise Thaden und Blanche Noyes, die geeignete Gebäude ausfindig machten und die Erlaubnis der Gemeindebehörden und Eigentümer einholten. Dann brachten Arbeiter die Markierungen mit orangeroter Farbe an: zwei bis dreieinhalb Meter hoch und aus 1000 Meter Höhe lesbar. Dieses System erwies sich bald als Notanker für Piloten ohne Orientierung – 16 000 Ortskennzeichen markierten alle amerikanischen Luftverkehrsstrecken in 25-Kilometer-Abständen.

auf dieser Strecke einen neuen Frauenrekord auf, indem sie ihre eigene Bestleistung aus dem Vorjahr um zwei Stunden unterbot.

Trotz aller Neuheit fehlte den transkontinentalen Flügen der dramatische Reiz eines Alleinflugs über das Meer, und sie machten verhältnismäßig wenig Eindruck auf eine Öffentlichkeit, die jetzt von der berühmtesten Pilotin der Welt Größeres erwartete. Trotzdem waren diese langen Überlandflüge wichtige Etappen auf AEs Weg zu einem weit ehrgeizigeren Ziel: Sie wollte als erste schaffen, was noch niemand geschafft hatte – einen Alleinflug von Hawaii nach Kalifornien, auf dem eine Überwasserstrecke von fast 4000 Kilometern zurückzulegen war.

Zur Vorbereitung des Transpazifikfluges zogen Amelia Earhart und ihr Mann, für den analog zu AE die Abkürzung GP galt, 1934 von Rye, New York, an die Westküste, um dem Zentrum der amerikanischen Luftfahrtindustrie näher zu sein. AE verkaufte ihre alte Lockheed Vega an das Franklin Institute in Philadelphia und kaufte ein neues, verbessertes Modell mit zusätzlicher Navigationsausrüstung. Zu ihrem Bedauern stand ihr Freund Bernt Balchen diesmal nicht als technischer Berater zur Verfügung, aber AE fand in Paul Mantz einen ausgezeichneten Ersatz für ihn.

Der 31jährige Mantz war ein in Hollywood bekannter Kunstflieger und Stuntman, der mehrere Spezialflugzeuge besaß und tollkühne Flüge für Filme wie *Hell's Angels* und *Men With Wings* riskiert hatte. Bei allem Wagemut hing sein Leben ebenso von seinen technischen Fertigkeiten wie von seinem fliegerischen Können ab. Daher war er der ideale technische Berater, Flugplaner und Navigationslehrer.

Ende Dezember 1934 fuhren Amelia Earhart, George Putnam und Paul Mantz mit der *SS Lurline* der Matson Line, auf deren Deck AEs Vega festgelascht war, von Los Angeles nach Honolulu ab. Sie hatten versucht, ihren Plan geheimzuhalten, doch die Reporter, die dem Schiff entgegenfuhren, interessierten sich natürlich für Amelia Earhart und ihre Begleitung und erkundigten sich nach ihren Absichten. Angestachelt wurde die Neugier der Reporter durch die Meldung, daß eine Gruppe hawaiischer Geschäftsleute, denen es um Werbung für ihr Inselparadies ging, 10 000 Dollar für den ersten Flug von Hawaii nach Kalifornien ausgesetzt hatte.

Das war ein verlockender Geldpreis. Die Rekordfliegerei war teuer, und die Möglichkeit, einen nicht selbst, sondern von anderer Seite finanzierten Flug zu machen, bot sich nicht oft. Zu den besonderen Reizen des Pazifikunternehmens gehörte es, daß die hawaiischen Sponsoren für die Kosten eines erfolgreichen Fluges aufkommen würden.

Eine Ironie des Schicksals wollte es, daß dieser attraktive Faktor beinahe ein Scheitern des Unternehmens bewirkt hätte. Während Amelia Earhart geduldig darauf wartete, daß Mantz seine Überprüfung der neuen Maschine abschloß und daß entlang der geplanten Strecke günstige Wetterverhältnisse gemeldet wurden, behaupteten Konkurrenten der Sponsoren, der Flug verfolge lediglich den Zweck, Zollerleichterungen für Zucker aus Hawaii durchzusetzen. Amerikanische Zeitungen griffen diesen Vorwurf auf und deuteten an, die berühmte Pilotin werde von Zuckerpflanzern manipuliert, die erreichen wollten, daß der Kongreß den Einfuhrzoll für Zucker aus dem Territorium Hawaii herabsetze.

Die durch diesen Aufruhr aufgeschreckten Sponsoren überlegten sich die Sache anders und baten Amelia Earhart vom Wheeler-Flugplatz zu einer Krisenbesprechung in ein Nebenzimmer im nahe gelegenen Royal Hawaiian Hotel. Sie hörte sich wie vor den Kopf geschlagen den Vorschlag an, ihr Unternehmen aufzugeben und das Flugzeug nach Kalifornien zurücktransportieren zu lassen.

Die resolute Amelia Earhart dachte nicht daran, auf diesen Vorschlag einzugehen, und warf ihren eingeschüchterten Geldgebern in eisigem Ton vor, sie seien Feiglinge. Sie wüßten genau, sagte AE, daß ihr angeblicher politischer Einfluß in Wirklichkeit gar nicht existiere. Dennoch seien sie offenbar bereit, sich von ihren Konkurrenten mit manipulierten Gerüchten ins Bockshorn jagen zu lassen. Im Gegensatz dazu sei sie nach wie vor fest entschlossen, an ihrem Plan festzuhalten. „Ich habe vor, in der kommenden Woche mit oder ohne Ihre Unterstützung nach Kalifornien zu fliegen“, stellte sie fest. Damit verließ sie den Raum. Ihre Sponsoren, die sich vielleicht durch AEs Haltung beschämt sahen, überlegten sich die Sache anders und beschlossen, sie weiterhin zu unterstützen.

Vier Tage später, am 11. Januar 1935, war Amelia Earhart startbereit. Aber das Wetter schien sich gegen sie verschworen zu haben. Am frühen Morgen überzog sich der sonst so heitere hawaiische Himmel mit dunklen Wolken, die ein stürmischer Südwestwind vor sich hertrieb. Um 11 Uhr ging ein tropischer Wolkenbruch über Honolulu nieder und setzte die Grasstartbahn auf dem Wheeler-Flugplatz unter Wasser. Als es stundenlang weitergoß, war AE sich darüber im klaren, daß sie – falls sie an dem für den Nachmittag vorgesehenen Start festhielt – mit ihrer schwerbeladenen Maschine aus einem Schlammsee würde starten müssen.

Als der Regen gegen 15.30 Uhr nachließ, prüfte sie die Bodenverhältnisse und fand die Startbahn so aufgeweicht, wie sie befürchtet hatte. Der Start würde sehr schwierig, vielleicht sogar unmöglich sein. Das Studium der Wetterkarte zeigte AE, daß sie voraussichtlich zehn oder mehr Tage durch im Mittelpazifik entstehende Sommerstürme aufgehalten werden würde, wenn sie nicht an diesem Nachmittag startete. Gelang jedoch der Start, bevor ein neues Schlechtwettergebiet Hawaii erreichte, so hatte sie gute Aussichten auf günstiges Flugwetter entlang der geplanten Strecke.

Für AE stand deshalb fest, daß der Start jetzt oder nie gewagt werden mußte. Um 16.30 Uhr stand die Vega auf dem asphaltierten Vorfeld, wo der Motor warmlief. Sie kletterte ins Cockpit und ließ die Maschine zur Startbahn rollen. Als sie dort den Motor im Stand mit Vollgas laufen ließ, sank das Fahrwerk der Vega sechs bis acht Zentimeter tief ins aufgeweichte Erdreich ein. Mit 2000 Litern Flugbenzin, einem Funkgerät, einem Schlauchboot und weiteren Teilen einer Seenotrettungsausrüstung wog die Maschine mindestens drei Tonnen und würde – wenn überhaupt – nur sehr schwer in die Luft zu bringen sein.

Mit einem Seitenblick bemerkte Amelia Earhart, daß drei Feuerwehrfahrzeuge und ein Krankenwagen neben den Hallen aufgefahren waren. Jeder Mann des zum Start anwesenden Bodenpersonals war mit einem Handfeuerlöscher ausgerüstet. Und AE fiel auf, daß alle anwesenden Frauen ein Taschentuch bereitzuhalten schienen – für alle Fälle.

Dieser offensichtliche Pessimismus wirkte auf eigenartige Weise aufmunternd, als AE jetzt wieder Vollgas gab und die Bremsen löste. Die Vega rollte schwerfällig an, weil sie durch den Schlamm und ihr hohes Eigengewicht gebremst wurde. In der Ferne sah die Pilotin Berggipfel, die in tiefhängenden Wolken verschwanden; vor sich am Rande der Startbahn erkannte sie zwei Karofahnen, die den Punkt bezeichneten, an dem sie das Gas wegnehmen und bremsen mußte, falls die Maschine noch nicht in der Luft war. Paul Mantz rannte neben der Vega her und rief: „Rauf mit dem

Eine 1935 erschienene Karikatur in der „Pittsburgh Post-Gazette" zeigt Amelia Earhart, die mit einem gewaltigen Satz über sieben berühmte Piloten hinwegspringt, indem sie ein „neues Kunststück" schafft: den ersten Alleinflug von Hawaii zum amerikanischen Festland.

Schwanz... rauf mit dem Schwanz!" Dann blieb er weit zurück. Amelia Earhart spürte, daß die Maschine allmählich leichter wurde. Das Heck kam hoch. Als die Räder gegen eine Unebenheit auf der Startbahn prallten, machte die Vega einen Luftsprung. Die Pilotin schob den Leistungshebel ganz nach vorn und hielt ihn dort fest; das Flugzeug, das beinahe durchgesackt wäre, reagierte auf diese Zusatzleistung und hob endgültig ab. Auch AE fühlte sich wie beflügelt und ging mit der Vega auf 1500 Meter, kurvte über Diamond Head ein und durchstieß die Wolkendecke, über der sie ein klarer blauer Abendhimmel erwartete.

Das Schwierigste war geschafft. Der Rest des Fluges verlief so glatt, daß er als reine Routine erschienen wäre, wenn er nicht mit einem Triumph geendet hätte. Sterne erhellten die warme Nacht, und ein feuriger Sonnenaufgang kündigte den Tag an. Alle Instrumente – auch das Funkgerät – funktionierten einwandfrei, und AE landete mit der Vega kurz vor Mittag des nächsten Tages auf dem Flughafen von Oakland. Sie hatte einen 18 Stunden und 15 Minuten langen Nonstopflug hinter sich, und Kalifornien erwartete sie.

Als Amelia Earhart von der Landebahn zum Vorfeld rollte, sah sie eine große Menschenmenge – nach einer Schätzung waren 10 000 Zuschauer zusammengeströmt –, die ihr begeistert zuwinkten und -jubelten. Die Absperrgitter stürzten um, und die Massen wälzten sich aufs Vorfeld, um AE zu begrüßen. Sie stellte den Motor ab, ließ die Bremsen einrasten, kletterte etwas steif aus dem Cockpit und lächelte den zu ihrer Begrüßung Zusammengeströmten freundlich zu. Amelia Earhart hatte ihre Rekordliste um eine weitere Bestleistung verlängert.

Ein Vierteljahr nach ihrem Transpazifikflug flog AE von Burbank bei Los Angeles 2750 Kilometer weit nach Mexico City. Obwohl sie unterwegs eine Zwischenlandung machte – im Hochland, etwa 80 Kilometer nördlich von Mexico City, um ein Insekt aus ihrem Auge zu entfernen –, nahm sie keinen Treibstoff auf, so daß ihr Flug offiziell als Nonstopflug galt. Es war der erste auf dieser Strecke. Aber dieser Rekordflug war nicht Selbstzweck gewesen, sondern hatte die Pilotin vor allem zum Ausgangspunkt eines noch bedeutsameren Fluges gebracht.

Vor dem Abflug nach Mexiko hatte Amelia Earhart ihr Vorhaben mit ihrem Freund Wiley Post, dem bekannten Piloten, der schon zweimal um die Welt geflogen war, besprochen. Sie wollte von Burbank nach Mexico City und anschließend von Mexico City nach New York fliegen. Auf der zweiten Etappe würde sie die kürzeste Route wählen, das heißt, über den Golf von Mexiko und New Orleans. Posts Warnungen vor den Gefahren eines langen Überwasserfluges bestärkten sie in ihrer Entschlossenheit, den Flug zu riskieren, weil sie den Verdacht hatte, Post meine damit in Wirklichkeit, das Unternehmen sei für eine alleinfliegende Pilotin zu gefährlich.

Amelia Earhart traf am 20. April 1935 in Mexico City ein. Nach den Begrüßungsempfängen und dem Bau einer behelfsmäßigen überlangen Startbahn, die sie für ihre schwerbeladene Vega benötigte, war sie zum Rückflug in die Vereinigten Staaten bereit.

Am frühen Morgen des 8. Mai nützte AE die erste günstige Wettervorhersage nach über einer Woche aus und steuerte die Vega die Startbahn hinunter, bis das Flugzeug etwa 170 Kilometer pro Stunde erreichte. Dann stieg die Vega „ganz von selbst in die Luft", wie die Pilotin später berichtete.

Unter ihr lag ein Zauberland mit majestätischen Bergen und kleinen Siedlungen aus Lehmhäusern. Bald danach überflog sie das glitzernde

Wasser des Golfs von Mexiko, über dem Schönwetterkumuli standen. Nach 14 Stunden und 19 Minuten wurde sie auf dem Flughafen Newark, New Jersey, mit fast hysterischer Begeisterung empfangen. Ein ganzes Aufgebot stämmiger Polizisten mußte sie vor einer lärmenden Menge wohlmeinender Bewunderer in Schutz nehmen.

Nach ihrem Rekordflug nach Mexiko beschloß Amelia Earhart, für einige Zeit ein weniger anstrengendes Leben zu führen. Anfang Juni nahm sie einen Ruf als Gastdozentin für Luftfahrt an die Purdue University in Indiana an, die dabei war, eine umfassende Luftfahrtabteilung aufzubauen. Aber bevor AE sich an die Routine des Universitätslebens gewöhnte, fand sie Zeit für ein weiteres Flugabenteuer: das Bendix-Rennen des Jahres 1935 von Los Angeles nach Cleveland. Bei diesem jährlich stattfindenden Rennen lernte sie auch die kämpferische und ehrgeizige Jacqueline Cochran kennen – einen aufgehenden Stern unter den amerikanischen Pilotinnen und eine der vielen Frauen, deren Interesse für die Fliegerei zum Teil auch durch Amelia Earharts Beispiel geweckt worden war.

Ihrem eigenen Lebensbericht nach, der über ihre frühe Kindheit etwas vage bleibt, wurde Jackie Cochran vermutlich 1912 in einer der heruntergekommenen Sägewerkssiedlungen im Norden Floridas geboren und verlor frühzeitig beide Eltern. Mit acht Jahren zog sie mit ihren Pflegeeltern nach Columbus, Georgia, wo sie in einer Baumwollspinnerei arbeitete, die ganze sechs Cent Stundenlohn bei einer Zwölfstundenschicht zahlte. In ihrer Armut träumte die heranwachsende Jacqueline davon, eines Tages schöne Kleider und ein Auto zu haben und die Welt zu bereisen. Als sie arbeitslos wurde, weil der Betrieb durch einen Arbeitskampf lahmgelegt wurde, verließ Jacqueline ihre Pflegeeltern und nahm eine Stellung mit Kost und Logis in einem Kosmetiksalon an. Sie mußte schwer arbeiten, aber sie lernte rasch, konnte Haare färben und schneiden und beherrschte auch die damals neu eingeführte Dauerwelle.

Nachdem sie einige hundert Dollar gespart hatte, verließ sie Columbus und arbeitete in einem Schönheitssalon in Montgomery, Alabama. Ihre erste und beste Kundin, eine Jugendrichterin, interessierte sich für sie und überredete sie dazu, eine Schwesternausbildung zu beginnen, um anderen helfen zu können. Jackie Cochran absolvierte eine dreijährige Ausbildung in einem Krankenhaus in Alabama, aber nachdem sie einige Wochen lang bei einem Arzt in den Holzfällerlagern ihrer Heimat Florida gearbeitet hatte, gelangte sie zu der Überzeugung, daß sie buchstäblich nichts dazu beitragen konnte, um die Leiden der dortigen Bevölkerung zu lindern oder ihr Leben etwas freundlicher zu gestalten. Sie erkannte, daß sie ihre Heimat verlassen und Geld verdienen mußte, wenn sie jemals etwas für sich selbst oder für andere erreichen wollte.

Jacqueline Cochran kratzte ihre restlichen Ersparnisse zusammen und beteiligte sich an einem Schönheitssalon in Pensacola, Florida. Zu einer Zeit, in der es schwierig war, Arbeit zu finden, zog die noch nicht Zwanzigjährige dann nach New York weiter und bekam eine Stellung in dem exklusiven Antoine's Salon im Saks in der Fifth Avenue. Die geschickte, bei den Kundinnen beliebte und sehr selbstbewußte junge Frau pendelte bald zwischen dem New Yorker Salon und Antoine's Salon in Miami Beach hin und her. In Miami fand sie Zugang zu den Häusern, Klubs und Spielcasinos der Oberen Zehntausend, fühlte sich aber dennoch durch ihre Routinearbeit beengt. Dann lernte sie Anfang 1932 auf einer Abendgesellschaft in Miami

Nach ihrem Flug von Hawaii nach Oakland 1935 geben Amelia Earhart und ihr Ehemann, George Putnam (rechts) neben ihrer Lockheed Vega auf dem Flughafen Newark, New Jersey, den Reportern ein Interview. Der New Yorker Verleger Putnam versuchte mit Erfolg, seiner Frau möglichst viel Publicity zu verschaffen.

Floyd B. Odlum kennen, einen Wall-Street-Anwalt und erfolgreichen Börsenspekulanten, der schon einige Jahre zuvor als 36jähriger seine ersten Dollarmillionen verdient hatte.

Odlum, der das übliche Partygeschwätz satt hatte, interessierte sich für die hübsche junge Frau, die neben ihm saß und so lebhaft von ihrem Traum sprach, die luxuriösen Schönheitssalons hinter sich zu lassen und die Gebietsvertretung einer Kosmetikfirma zu übernehmen. Odlum gestand ihr zu, daß sie eine sehr gute Reisevertreterin für jede Branche abgeben würde, aber er wies auch darauf hin, daß der Konkurrenzdruck wegen der Wirtschaftskrise so stark sei, daß sie beinahe Flügel brauchen werde, um ihr Gebiet schnell genug bereisen und sich dort behaupten zu können.

Nach ihrer Rückkehr nach New York dachte Jackie Cochran intensiv über diese beiläufige Bemerkung nach und kam zu dem Schluß, daß eine fliegende Vertreterin allen gewöhnlichen Reisevertretern überlegen sein müsse. Im Sommer 1932, in dem Amelia Earhart einen Streckenrekord nach dem anderen brach, nahm Jackie Cochran drei Wochen Urlaub, um auf dem Roosevelt-Flugplatz auf Long Island fliegen zu lernen. „Als ich meine erste Flugstunde bezahlte", schrieb sie später, „hörte eine Kosmetikerin zu existieren auf, und eine Pilotin wurde geboren." Sie machte ihren Pilotenschein noch vor Ablauf dieser drei Wochen und fuhr im Winter quer durch Amerika nach San Diego, um in der Ryan-Fliegerschule mehr Flugerfahrung zu bekommen.

Auf Drängen eines Marinepiloten, den sie noch aus Pensacola kannte, kaufte sie sich bald ein eigenes Flugzeug – eine alte Travel Air – für 1200 Dollar. Ihr Freund und einige seiner Kameraden bildeten sie in einem

Intensivkurs weiter aus, so daß sie 1933 ihren Berufspilotenschein machen konnte. Die Kosmetikerin war zurückgetreten; nun verfolgte die Geschäftsfrau ihren Plan, Kosmetika zu verkaufen. Jackie Cochran schied deshalb aus Antoine's Salon aus und gründete innerhalb von zwei Jahren die Jacqueline Cochran Cosmetics, Inc., mit einem Schönheitssalon in Chicago und einem Kosmetiklabor in New Jersey. Ihr Berater und war Floyd Odlum, der ihr Verehrer und später, am 11. Mai 1936, ihr Ehemann wurde.

Jackie Chochran hatte schon während ihrer Ausbildungszeit gespürt, daß die Fliegerei ihr mehr als lediglich ein Verkehrsmittel für Geschäftsreisen bedeutete. Sie wollte an Wettflügen teilnehmen. Ihr erstes großes Luftrennen war das MacRobertson-Rennen des Jahres 1934 von London nach Melbourne, das mit hohen Geldpreisen winkte und außerdem Gelegenheit bot, etwas von der Welt zu sehen. Unglücklicherweise hatte sie bei diesem Versuch mit zahlreichen Pannen zu kämpfen. Ihr erstes Flugzeug, eine für Langstreckenflüge konstruierte Northrop Gamma, ging beim Auslieferungsflug zu Bruch. Der Ersatz, ein superschneller Gee Bee Racer, führte das Feld bis zur rumänischen Hauptstadt Bukarest an; dort traten jedoch so schwere Defekte auf, daß Jackie Cochran nicht weiterfliegen konnte. Die enttäuschte Pilotin ließ ihr Flugzeug per Schiff nach Hause bringen und verkaufte es.

Unterdessen war die Gamma gerade rechtzeitig für das im Spätsommer 1935 stattfindende Bendix-Rennen, das alljährlich von Los Angeles nach Cleveland führte, instandgesetzt worden. Aber auch diesmal wurde die Maschine von Pannen heimgesucht. Vertreter des Flugzeugherstellers und des Motorenwerks drängten Jackie Cochran, ihnen einen peinlichen Reinfall zu ersparen, indem sie gar nicht erst startete. Die Lage wurde noch schlimmer durch den dichten Nebel, der kurz vor der vorgesehenen Startzeit aufzog. Da Jackie Cochran wußte, daß ihr Ausscheiden auf weibliche Angst vor einem Schlechtwetterflug zurückgeführt werden würde, war sie entschlossen, im Rennen zu bleiben.

Möglicherweise wurde sie in diesem Entschluß von Amelia Earhart, der einzigen weiteren Pilotin bei diesem Flug, bestärkt. Die beiden Pilotinnen hatten sich erst kurze Zeit vorher kennengelernt. Etwa eine halbe Stunde nach Mitternacht, am 1. September, ließ der Nebel einen Start zu, und AE startete mit ihrer Lockheed Vega. Hinter ihr in der beengten Passagierkabine schenkten Paul Mantz und einer seiner Freunde sich behaglich Drinks ein und begannen eine Partie Gin-Rommé. Die Pilotin und ihre Fluggäste wußten recht gut, daß die robuste Vega nicht konkurrenzfähig war und keine Chance hatte, das Rennen zu gewinnen. Dennoch hofften sie, zumindest einen der vorderen Plätze belegen und so viel Geld gewinnen zu können, daß ihre Unkosten gedeckt waren.

Nach dem Start der Vega wurde der Nebel wieder dichter. Erst gegen 2 Uhr klarte es dann so weit auf, daß weitergestartet werden konnte. Die Konkurrenten flogen einer nach dem anderen in die Nacht davon. Um 4.22 Uhr rollte dann Jacqueline Cochran mit ihrer launischen Gamma zum Start. Aber der Motor gab weniger als die benötigte Leistung ab, und als bereits die Hälfte der Startbahn hinter ihr lag, zweifelte sie daran, daß sie jemals in die Luft kommen würde. Sie schickte ein Stoßgebet gen Himmel und drückte den Leistungshebel mit aller Kraft nach vorn; auf den letzten Metern der Startbahn spürte sie, daß die Maschine endlich abhob.

In der Luft war das Flugzeug schlecht steuerbar und träge. Seine Eigengeschwindigkeit war so niedrig, daß es einige Zeit dauerte, bis die

Ein Minimum an Gepäck

Im Gegensatz zu manchen Pilotinnen, die ihre Flugzeuge vor Langstreckenflügen mit Proviant für unterwegs und eleganten Kleidern für die Empfangsfeiern beluden, setzte Amelia Earhart einen gewissen asketischen Stolz darein, mit leichtem Gepäck zu reisen. Ihr einziger Proviant auf ihrem 15 Stunden und 18 Minuten langen Alleinflug über den Atlantik im Jahre 1932 bestand aus einer Thermosflasche mit Suppe und einer Büchse Tomatensaft. „Für eine Pilotin, deren Flugzeug in den Atlantik stürzt, sind Kaviarsandwiches kein Trost", beteuerte sie. „Alles außer einen Minimum an notwendigen Dingen hätte mich nur abgelenkt."

Die von Amelia Earhart getroffene Auswahl ließ ihren Optimismus, ihre Nüchternheit und ihre Bescheidenheit erkennen. Einige Dinge aus diesem „Minimum" – zum Beispiel Tomatensaft, ein Seidenschal und ein Glücksarmreif – waren vielleicht kaum notwendig, aber ihre Notausrüstung war um so vernünftiger und bestand aus den wenigen leichten Werkzeugen, mit denen man sich aus einem notgewasserten Flugzeug befreien und Notsignale geben konnte.

Amelia Earharts Puderdose begleitete sie auf allen Flügen. Sie half ihr, „nett auszusehen, wenn die Reporter kommen".

Tomatensaft in Dosen gehörte zu ihrer Bordverpflegung. „Mehr Essen“, stellte Amelia Earhart fest, „hätte auch mehr Gewicht bedeutet.“

Dieser mit Silber eingelegte Armreif brachte ihr, wie sie glaubte, Glück. Aber sie ließ ihn bei ihrem letzten Flug, den sie unternahm, zurück.

Ein bunter Seidenschal, den sie bereits 1928 an Bord der „Friendship“ getragen hatte, gehörte später zu ihren Erkennungszeichen.

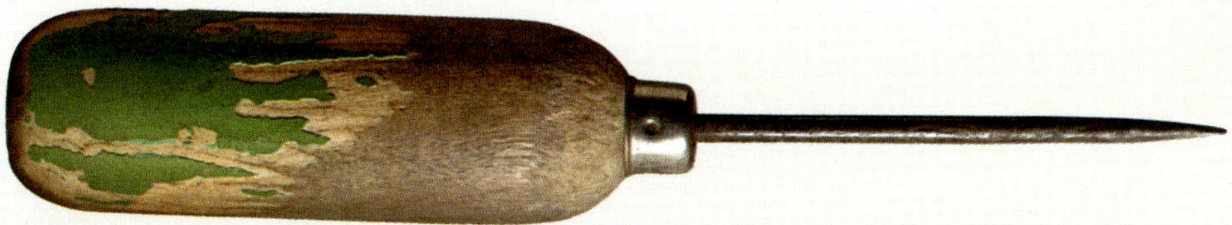

Dieser als Ahle zugeschliffene Schraubenzieher diente dazu, Löcher in die Tomatensaftbüchsen zu stoßen, aus denen sie unterwegs trank.

Falls die Fliegerin auf See notwassern mußte, konnte dieses Notsignal, das sich auch im Wasser entzünden ließ, Hilfe herbeirufen.

Ein Fläschchen Riechsalz hielt Amelia Earhart auf langen Flügen wach und munter. Sie trank weder Kaffee noch Tee, wenn sie in der Luft war.

besorgte, aber zum Durchhalten entschlossene Pilotin es auf den richtigen Kurs bringen und ihre Reiseflughöhe erreichen konnte. Als die schwer kämpfende Gamma über den Wüsten Arizonas das Schlechtwettergebiet verließ, vibrierte sie heftig, und der Motor lief gefährlich heiß. Vor Jackie Cochran lag der Grand Canyon, auf dessen anderer Seite sich ein starkes Gewitter zusammenbraute. Dies gab den Ausschlag. Kurz nach Tagesanbruch kehrte sie nach Kingman in Arizona um.

„Ich ließ vor der Landung Benzin ab“, schrieb Jackie Cochran später, „aber das Benzin kam ins Cockpit zurück und durchtränkte meine Kleidung von Kopf bis Fuß. Ich flog weiter und landete, wobei ich damit rechnete, daß ich Feuer fangen würde, falls es irgendwo einen Funken gab, selbst wenn nur ein Stein gegen die Maschine prallte. Ich rollte aus, kletterte hastig aus dem Flugzeug, rannte auf die Damentoilette, riß mir die Kleidung vom Leib und begann mich zu waschen.“

Einige Stunden später landeten Amelia Earhart und ihre beiden kartenspielenden Fluggäste glatt in Cleveland – nur zwei Minuten vor Ablauf der Höchstflugzeit. Dennoch belegten sie den fünften Platz und gewannen damit 500 Dollar.

Kurz nach dem Bendix-Rennen von 1935 begann Jackie Cochran, sich mehr auf ihre Kosmetikfirma zu konzentrieren. Gleichzeitig traf sie aber Vorbereitungen, um bei zukünftigen Wettflügen erfolgreicher zu sein. Amelia Earhart war inzwischen an der Purdue University tätig, wo sie in ein Studentinnenheim zog, um ihren Hörerinnen näher zu sein. Aber selbst während sie vor Studentinnen über die Rolle der Frau in der Luftfahrt und in der Gesellschaft sprach, schmiedete sie Pläne für ein weiteres persönliches Projekt. Nachdem sie den Atlantik überquert, den Golf von Mexiko überflogen und den Pazifik zwischen Hawaii und Kalifornien bezwungen hatte, wollte sie jetzt die Erde umfliegen.

Amelia Earhart hatte zum erstenmal ernstlich an einen Flug um die Welt gedacht, als sie im Mai 1935 über den Golf von Mexiko geflogen war. Sie war zu dem Schluß gekommen, daß ein Flug dieser Art sich am besten mit einem gutausgerüsteten zweimotorigen Flugzeug durchführen ließ. Vor ihrer Lehrtätigkeit an der Purdue University hatte eine zweimotorige Maschine jedoch außerhalb ihrer finanziellen Möglichkeiten gelegen. Die von ihren Leistungen beeindruckte Universität gründete die Amelia-Earhart-Stiftung und legte einen Fonds an, aus dem der Kauf und Unterhalt einer Maschine, die sie als fliegendes Laboratorium benutzen konnte, finanziert werden sollte. Eine ganze Anzahl von Luftfahrtfirmen spendeten für diesen Fonds, so daß AE bald über das Flugzeug ihrer Wahl verfügte: eine schlanke zweimotorige Lockheed Electra mit über 320 Stundenkilometer Höchstgeschwindigkeit und reichlich Platz – normalerweise beförderte sie zehn Fluggäste – für eine Zusatzausrüstung.

Die neue Electra war in erster Linie für Forschungsflüge bestimmt, auf denen beispielsweise die Wirkung großer Flughöhen auf den menschlichen Stoffwechsel und die Ermüdung von Piloten durch die erforderliche Konzentration auf eine umfangreiche Instrumentierung erforscht werden sollten. AE interessierte sich jedoch auch für andere Probleme. „Reagieren Männer und Frauen unterschiedlich auf Flugreisen?“ schrieb sie. „Gegebenenfalls wie? Und wenn, weshalb?“ Gleichzeitig wußte sie jedoch, daß es wahrscheinlich möglich sein würde, solche echten Forschungsvorhaben mit dem von ihr geplanten bahnbrechenden Flug zu verbinden, zu dem es sie drängte. Die Zeit der Abenteuer schien beinahe vorbei zu sein, aber es gab noch eine Pioniertat, die auf einen kühnen Flieger wartete: ein Flug um die Welt entlang des Äquators. Gewiß war die Welt schon mehrmals umflogen worden. Aber keiner dieser Piloten hatte seine Route auf den größten Erdumfang von etwa 40 000 Kilometern gelegt; sie hatten sich ausnahmslos für eine kürzere Strecke nördlich des Äquators entschieden. AE wollte als erste Frau die Erde in Äquatornähe umfliegen und dabei überhaupt die erste sein, die diese längste und schwierigste Strecke gewählt hatte (wegen der zwischen Flugplätzen nötigen Zickzackflüge war die von ihr geplante Route etwa 46 500 Kilometer lang).

Paul Mantz wurde auch diesmal als technischer Berater hinzugezogen. Der Rumpf der Electra, in den Zusatztanks eingebaut worden waren, durch die sich die Reichweite der Maschine auf 6500 Kilometer erhöht hatte, wurde mit einer modernen Navigationskabine ausgerüstet *(S. 130–131)*. Nachdem AE das Flugzeug im Juli 1936 übernommen hatte, „pflügte [sie] geradezu eine Furche am Himmel zwischen San Francisco und Südkalifornien", wie sie es ausdrückte, um sich auf diese Weise an die neue Maschine zu gewöhnen und ihre Kinderkrankheiten auszukurieren. Allerdings waren noch nicht alle Mängel beseitigt, als Amelia Earhart und ihre Kopilotin Helen Richey – die Verkehrsflugzeuge geflogen hatte und durch die von der Pilotengewerkschaft auferlegten Beschränkungen gezwungen worden war, ihre Arbeit aufzugeben – im September 1936 an dem Bendix-Rennen von New York nach Los Angeles teilnahmen. Es gab Schwierigkeiten mit der Treibstoffzufuhr der Motoren, und das Navigationsluk schloß so schlecht, daß es aufflog und auf der halben Strecke Schwierigkeiten machte. Amelia Earhart belegte auch dieses Mal wieder den fünften Platz, aber ihre Enttäuschung hielt sich in Grenzen, weil sie wußte, daß eine andere Pilotin – Louise Thaden – den sonst von Männern beherrschten Wettbewerb gewonnen hatte *(S. 120)*.

Während die Electra bei Lockheed überholt wurde, sorgte Putnam dafür, daß entlang AEs vorgesehener Route rund um die Welt Ersatzteile, Treibstoff und Öl gelagert wurden, und beschaffte in geduldiger Kleinarbeit Landegenehmigungen und andere Bewilligungen der Staaten, die besucht oder überflogen werden sollten. AE studierte Land- und Fliegerkarten, Wetterbedingungen, Instrumentenflug und Notlandeplätze. Sie gelangte widerstrebend zu der Einsicht, daß sie für die langen Pazifikstrecken einen Navigator brauchen würde.

George Putnam war der Überzeugung, ein idealer Kandidat für diese Aufgabe sei Henry Bradford Washburn jr., der 26jährige Direktor des Instituts für geographische Forschungen der Harvard University. Washburn war Expeditionsleiter, Geograph, Flieger und Luftbildphotograph und war Putnam zum erstenmal vor fast zehn Jahren aufgefallen, als er als jugendlicher Bergsteiger einen Artikel über seine Erfahrungen geschrieben hatte. Jetzt lehrte er in Harvard angewandte Astronomie, das heißt äußerst genaue Standortbestimmungen mit Hilfe der astronomischen Navigation. AE, die bei der Auswahl eines Partners für das geplante Unternehmen vorsichtig war, erklärte sich bereit, mit dem jungen Forschungsreisenden zusammenzukommen und mit ihm über den geplanten Flug zu sprechen – aber ohne Verpflichtung, ihm die Aufgabe tatsächlich anzubieten.

Washburn wurde zu Earhart und Putnam nach Rye eingeladen. Dort saß er auf dem Fußboden im Wohnzimmer und folgte dem Zeigefinger der berühmten Fliegerin, die ihm auf ausgebreiteten Karten den vorgesehenen

Mit einem 420-PS-Motor und einem leichten, hauptsächlich aus Holz bestehenden Gerippe erreichte Louise Thadens Staggerwing eine Höchstgeschwindigkeit von 340 Stundenkilometern – mehr als viele amerikanische Jagdflugzeuge der dreißiger Jahre. Das bei Sportflugzeugen damals noch ungewöhnliche einziehbare Fahrwerk, die schräge Windschutzscheibe und die schmal auslaufenden Tragflächen mit ihren Flügelstielen in I-Form halfen mit, den Luftwiderstand zu verringern.

Eine elegante Siegerin im Bendix-Rennen

Nicht nur das Publikum, sondern auch die Konkurrenten staunten, als Louise Thaden und ihre Kopilotin Blanche Noyes 1936 die begehrte Bendix-Trophäe gewannen – nicht weil zwei Frauen gesiegt hatten, sondern weil sie die Trophäe und 7000 Dollar mit einem kleinen, serienmäßigen Doppeldecker statt mit einer für Wettflüge hochgetrimmten Maschine oder einem für transkontinentale Strecken besser geeigneten zweimotorigen Flugzeug gewonnen hatten.

Louise Thadens Siegermaschine war jedoch kein gewöhnliches Flugzeug, sondern ein schnittiger Triumph zweckmäßigen Designs aus dem Werk des Flugzeugherstellers Walter Beech: die Beechcraft Model 17. Es wurde als „Staggerwing" (Staffeldecker) bezeichnet, weil die untere Tragfläche vor der oberen saß – im Gegensatz zu den meisten anderen Doppeldeckern, deren untere Tragflächen zurücksprangen. Diese ungewöhnliche Anordnung gewährte dem Piloten hervorragende Sicht nach oben und verlieh dem Flugzeug eine einmalige, vorwärtsdrängende Eleganz; wie ein Luftfahrthistoriker schrieb, gehörten die Staggerwings „zu den schönsten jemals gebauten Flugzeugen".

Louise Thaden hält eine Rede auf dem Flugplatz Mines in Los Angeles zwischen der berühmten Trophäe und ihrem Stifter, Vincent Bendix. Ihr Flug hatte nicht länger als 14 Stunden und 55 Minuten gedauert.

Kurs erläuterte. „Wir starteten buchstäblich zu einer Umrundung der Erde von Flugplatz zu Flugplatz, über die die Route führen sollte“, erinnerte er sich später. Die Strecke führte von Oakland bei San Francisco nach Honolulu; von dort aus nach Howland Island, einer winzigen Insel im mittleren Pazifik, die als wichtiger Zwischenlandepunkt dienen sollte; von Howland Island aus nach Osten – nach Neuguinea und der australischen Stadt Darwin; später über Afrika und den Südatlantik nach Brasilien und zurück in die Vereinigten Staaten.

Washburn starrte auf die Weiten des Pazifiks und auf Howland Island: Die Insel war kaum drei Kilometer lang, weniger als einen Kilometer breit und weit von jeder anderen Insel entfernt. Seiner Darstellung zufolge fragte er Amelia Earhart dann, wie sie Howland Island finden wolle. „Und sie sagte: ‚Nun, wir erreichen die Insel durch Koppelnavigation.‘ Ich sagte: ‚Heiliger Strohsack! Das sind über dreitausend Kilometer. Howland Island ist nur eine winzige Nadel in einem riesigen Heuhaufen aus Wasser dort draußen, und Sie müßten dort wirklich ein Funkgerät haben, um das zu schaffen.‘“ Er schlug vor, einen Sender zu verwenden, der von der Insel aus ein Dauersignal ausstrahlen würde, und das Flugzeug mit einem Peilempfänger auszurüsten, damit es dieses Funkfeuer anfliegen konnte. Amelia Earhart hielt diese Vorsichtsmaßnahme für überflüssig; Washburn, der auf seiner Überzeugung beharrte, zog sich zurück und ging schlafen.

Am nächsten Morgen packte er seinen Koffer und reiste ab. Er war nicht aufgefordert worden, als Navigator mitzufliegen, und deutete später an, daß er diese Aufgabe abgelehnt hätte. Trotz aller Erfahrungen, die er im vergangenen Jahrzehnt gesammelt hatte, fühlte er sich nicht imstande, Howland Island ohne Funkfeuer zu erreichen.

Seine Einwände schienen jedoch gewirkt zu haben, denn vor Amelia Earharts Start zu ihrem Flug um die Welt war dafür gesorgt worden, daß ein Boot der amerikanischen Küstenwache vor Howland Island stand, und die Electra hatte einen Peilempfänger erhalten, mit dem sie den Sender des Küstenwachfahrzeugs anpeilen konnte. Am Nachmittag des 17. März 1937 startete AE in Oakland mit einer Besatzung, die aus ihrem technischen Berater Paul Mantz und den Navigatoren Harry Manning und Fred Noonan bestand. Mantz, der die Electra auf der ersten Etappe als Kopilot nochmals überprüfte, sollte in Honolulu bleiben. Manning, ein Kapitän der American President Lines, sollte bis Australien als Chefnavigator mitfliegen, und der erfahrene Pilot Noonan sollte ihn auf der Strecke von Hawaii nach Howland Island unterstützen. Sobald der gefährliche Abschnitt des Pazifik hinter ihr lag, wollte Amelia Earhart allein weiterfliegen.

Der Flug von Oakland nach Honolulu verlief glatt und dauerte keine 16 Stunden. Nach einer durch schlechtes Wetter bedingten Verzögerung um einen Tag machte die Electra am 19. März beim Start nach Howland Island einen Kopfstand. Die Pilotin und die beiden Navigatoren blieben unverletzt, aber das Flugzeug war schwer beschädigt. Die Räder waren abgerissen, das Fahrwerk eingedrückt, die rechte Tragfläche gestaucht, die rechte Motoraufhängung beschädigt und sämtliche Propellerblätter verbogen.

Die Electra wurde zu Lockheed nach Burbanks verfrachtet, wo sie innerhalb von zwei Monaten instand gesetzt und strukturell verstärkt wurde. Aber durch diese Verzögerung hatte sich vieles geändert. Harry Mannings Urlaub war zu Ende gegangen, und er tat wieder Dienst auf einem Schiff seiner Reederei, so daß Fred Noonan als einziger Navigator mitfliegen würde. Der sehr erfahrene Verkehrsflieger und Navigator Noonan war ein

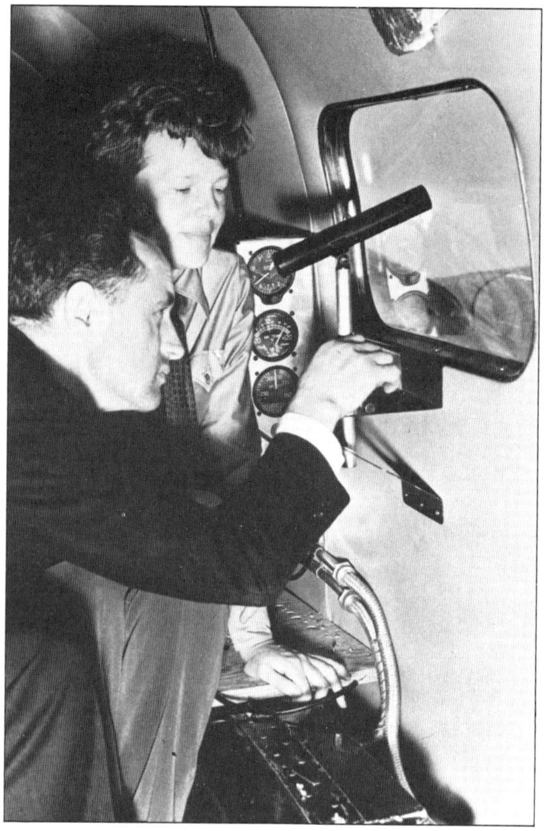

In der Kabine von Amelia Earharts speziell ausgerüsteten Lockheed Electra übt der Navigator Harry Manning die Bestimmung des rechtweisenden Kurses mit dem Palinurus, während die Pilotin ihm zusieht. Die Instrumente neben Amelia Earhart zeigten Flughöhe, Außentemperatur und Fluggeschwindigkeit an.

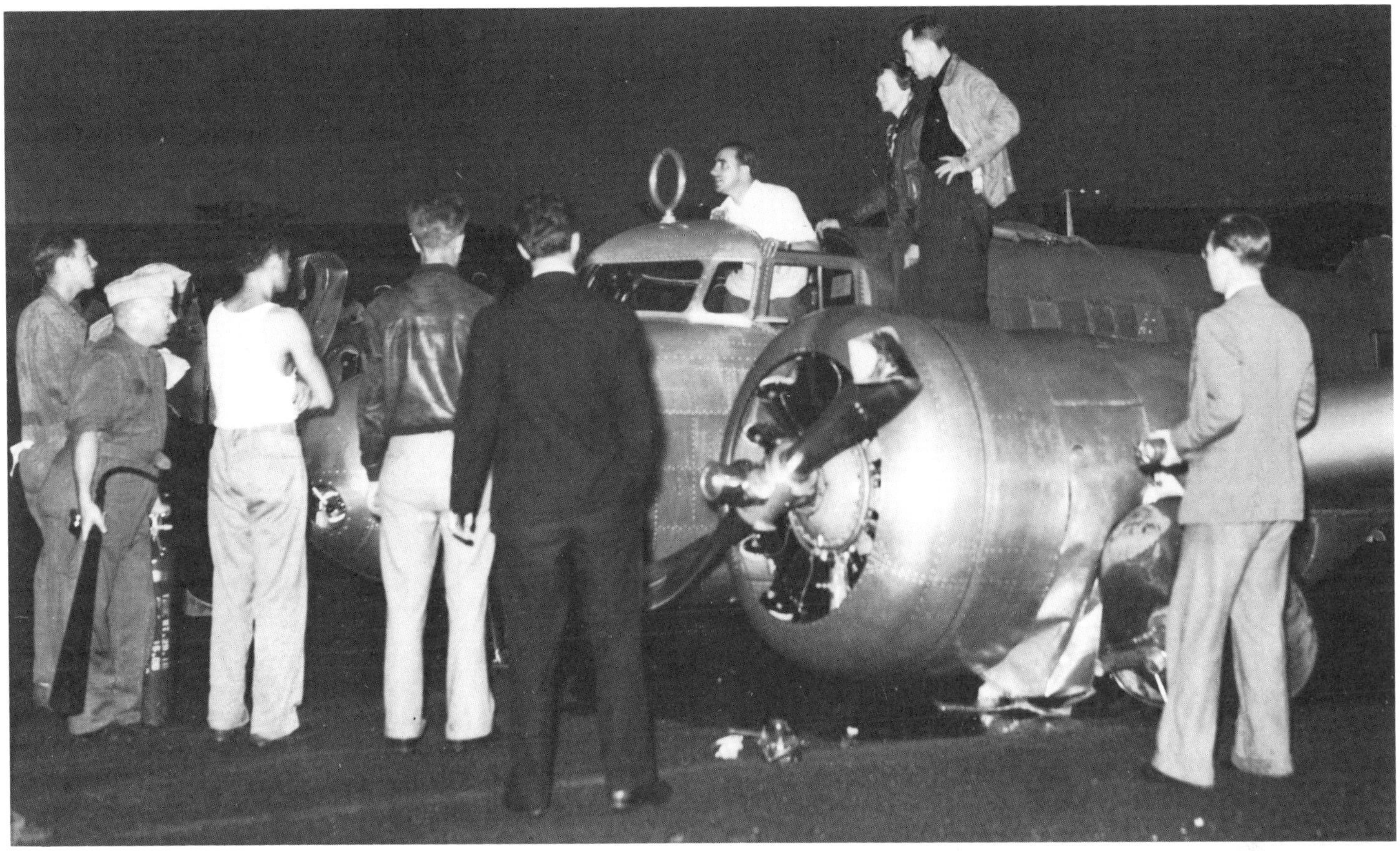

Nach einem Fehlstart zum Flug nach Howland Island liegt die Lockheed Electra mit eingeknicktem Fahrwerk und beschädigter rechter Tragfläche auf der Startbahn in Pearl Harbor. In und auf der Maschine begutachten der technische Berater Paul Mantz, Amelia Earhart und Navigator Fred Noonan den Schaden.

idealer Flugpartner für AE. Er war lange bei Pan American Airways geflogen und hatte mitgeholfen, die Transpazifikstrecken dieser Fluggesellschaft über Midway, Wake, Guam und die Philippinen zu erkunden. Die Pan Am hatte ihn wegen Trunkenheit im Dienst entlassen, aber seitdem Noonan mit Amelia Earhart zusammenarbeitete, die blindes Vertrauen zu dem bewährten, durch nichts aus der Ruhe zu bringenden Piloten hatte, trank er keinen Alkohol mehr.

AE brauchte dringend einen verläßlichen Begleiter, denn sie hatte beschlossen, keine der geplanten Etappen allein zurückzulegen. Die weltweiten Witterungsbedingungen änderten sich je nach Jahreszeit, und wegen des verspäteten Starts erschien es ratsam, statt nach Westen nach Osten zu fliegen. Anstatt von Oakland über Honolulu zu dem winzigen Punkt von Howland Island zu fliegen, würde Amelia Earhart mit einer Atlantiküberquerung beginnen und die Pazifiketappen erst zum Schluß bewältigen: von Neuguinea nach Howland Island, von Howland Island nach Hawaii und von dort aus nach Hause. Das bedeutete, daß sie ihren Navigator eher gegen Ende des Fluges, als gleich zu Anfang brauchen würde.

Die Umkehrung der bisher geplanten Flugrichtung machte auch völlig neue Vorbereitungen notwendig. AE und ihr Team mußten andere Routen ausarbeiten, Treibstoff, Öl und Ersatzteile umdirigieren, Flugzeugmechaniker an andere Einsatzorte schicken, weitere bürokratische Hürden im Ausland überwinden und neue Genehmigungen einholen. Die amerikanische Küstenwache würde wie ursprünglich vereinbart ein Boot nach Howland Island entsenden, damit AE über Funk mit ihm sprechen und seinen Sender anpeilen konnte.

Auch die Funkausrüstung der Lockheed Electra wurde erneut überprüft. Mantz hatte die besten damals erhältlichen Funkgeräte einbauen lassen: ein Sprechfunkgerät für die international üblichen Flugfrequenzen und ein weiteres Gerät mit größerer Reichweite, das auf der internationalen Notfrequenz 500 Kilohertz arbeitete – allerdings am besten mit einer mindestens 75 Meter langen Schleppantenne. Die durch diese lange Antenne gesendeten Signale würden von einem Peilempfänger an Bord der U.S.S. *Itasca,* des vor Howland Island liegenden Küstenwachbootes, aufgefangen werden. Während die Flieger ihren eigenen Peilempfänger benützten, um die Insel anzusteuern, konnte die Küstenwache ihrerseits die Maschine anpeilen. Außerdem hatte Mantz einflußreiche Freunde bei der Heeresluftwaffe dazu überredet, einen noch im Versuchsstadium befindlichen Kurzwellenpeiler zur Verfügung zu stellen, den die *Itasca* nach Howland Island mitnehmen und von der Insel aus betreiben würde. Er konnte den bordeigenen Peilempfänger der *Itasca* wirkungsvoll ergänzen.

Am 21. Mai 1937 starteten Amelia Earhart und Fred Noonan in Oakland mit der instand gesetzten Electra zum Flug nach Miami. Dieser Flug, der offiziell als Werkstattflug galt, war in Wirklichkeit die erste Etappe ihrer Weltumrundung in östlicher Richtung. Eine Woche lang nahmen Mechaniker von Pan American letzte Einstellarbeiten an den Motoren und Instrumenten des Flugzeugs vor, während AE in Ruhe wartete und mitarbeitete, wenn es nötig war. Noonan, der sie dabei beobachtete, hatte keine Bedenken wegen des bevorstehenden Fluges. „Amelia ist ein großartiger Mensch für solch einen Flug", schrieb er seiner Frau. „Sie ist die einzige Pilotin, mit der ich solch eine Expedition wagen möchte. Sie ist nicht nur eine gute Kameradin und Fliegerin, sondern kann auch Entbehrungen wie ein Mann ertragen – und wie einer arbeiten."

Diese Karte zeigt die von Amelia Earhart festgelegte Route für ihren 1937 unternommenen Versuch, von Westen nach Osten um die Welt zu fliegen. Nach dem Start in Oakland, Kalifornien, waren die schwarzen Punkte als Etappenziele vorgesehen. Grüne Quadrate bezeichnen außerplanmäßige Zwischenlandungen, die die Pilotin machen mußte.

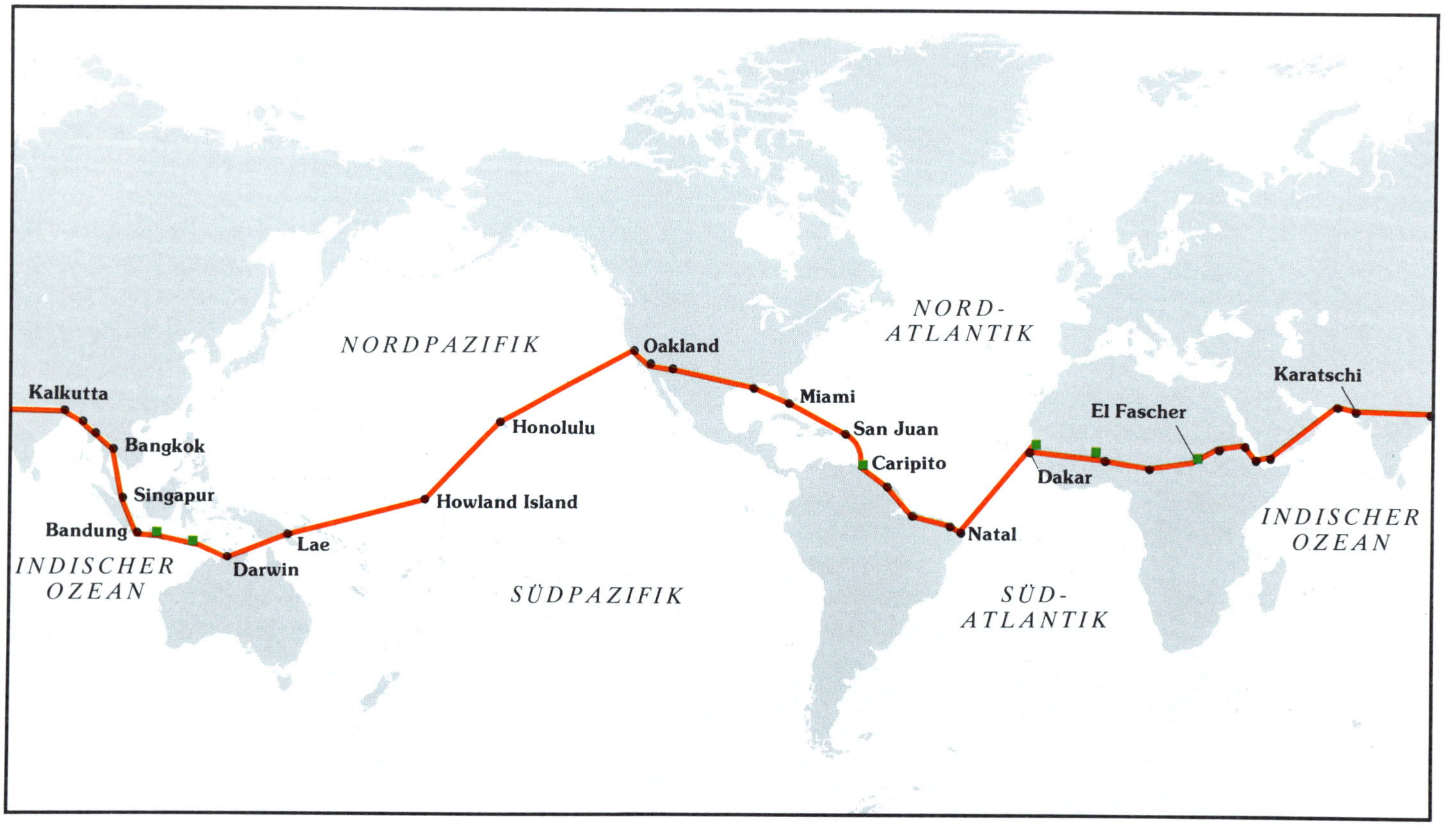

Die Presse war nicht von dem Start zum Flug um die Welt informiert worden, aber AE sprach freimütig mit Carl Allen von der *New York Herald Tribune,* der eine Artikelserie nach ihren Berichten von den einzelnen Zwischenstationen ihres Fluges schreiben sollte. Dabei sagte sie ihm auch, daß sie die Langstreckenfliegerei nach diesem Flug aufgeben und die spektakulären Unternehmen einer neuen Pilotengeneration überlassen werde. „Ich habe das Gefühl, daß ich nur noch für einen guten Flug das Zeug in mir habe", meinte sie nachdenklich, „und ich hoffe, daß es dieser ist."

Am frühen Morgen des 1. Juni 1937 kletterten Amelia Earhart und Fred Noonan auf dem städtischen Flughafen von Miami in die bereitstehende Electra. George Putnam winkte ihnen zum Abschied zu und beobachtete, wie das Flugzeug zum Start rollte, mit aufheulenden Motoren beschleunigte, in den wolkenlosen Himmel stieg und Kurs auf Puerto Rico nahm. Nachdem AE dort gelandet war, telephonierte Putnam mit ihr. Dann schrieb er an Paul Mantz, der nicht an den letzten Vorbereitungen vor dem Start hatte teilnehmen können. Mantz, der sich Sorgen machte, als er hörte, daß der Weltflug früher als von ihm erwartet begonnen hatte, fragte brieflich bei Putnam an, ob wenigstens alle Abflugkontrollen zufriedenstellend verlaufen seien. „Unter uns gesagt", antwortete Putnam, „das Funkgerät hat endlose Schwierigkeiten gemacht. Soviel ich weiß, sind die Techniker schließlich darauf gekommen, daß die langen Antennen ungeeignet waren. Sie haben sich gegenseitig in ihrer Wirkung aufgehoben. Deshalb haben sie die Antennen gekürzt und das Problem damit offenbar ziemlich gelöst." Tatsächlich hatte Amelia Earhart die zunächst vorgesehene Schleppantenne in Miami zurückgelassen.

Mantz war entsetzt. Dadurch, daß die Flieger die 75 Meter lange Antenne zurückgelassen hatten, hatte eine äußerst wichtige Navigationshilfe, die ihnen vor allem im mittleren Pazifik genützt hätte, stark an Wirksamkeit verloren. Aber die ersten Etappen des Fluges um die Welt verliefen ohne ernstliche Probleme. Von Puerto Rico aus flogen AE und Noonan in leichten Teilabschnitten die südamerikanische Küste entlang nach Natal in Brasilien, um von dort aus über den Atlantik zu fliegen *(Karte, S. 124).* Sie verließen Natal am Morgen des 7. Juni, und während sie den Südatlantik überquerten, notierte Amelia Earhart ihre Beobachtungen, die sie bei jeder Zwischenlandung an Putnam und die *Herald Tribune* schickte. „Überfliegen soeben den Äquator", schrieb sie beispielsweise nieder. „2000 Meter. Strahlender Sonnenschein. Unter uns kleine Schäfchenwolken."

Nach einer Zwischenlandung in Dakar an der Westküste Afrikas flogen die beiden nach Osten über den Kontinent weiter und erreichten jenseits des Golfs von Aden die Arabische Halbinsel, während AE sich auf der Strecke notierte: „Wir überquerten unsagbar öde Landstriche, ein Niemandsland ewiger Not." In einem Kaleidoskop wechselnder Schauplätze flogen sie nach Karatschi, Kalkutta und Rangun. Danach folgten Bangkok, Singapur und Bandung; anschließend folgten Darwin in Australien und zuletzt Lae auf Neuguinea, der letzte Zwischenlandeort vor dem Flug nach Howland Island. Unterwegs war der Name „Amelia Earhart", der in großen roten oder weißen Buchstaben auf bereitstehenden 200-Liter-Fässern mit Benzin stand, an den vorgesehenen Zwischenlandeplätzen zu einem vertrauten Anblick geworden, und AEs Funkrufzeichen KHAQQ war fast so bekannt wie ihr Name.

„35 000 Kilometer sind bisher zurückgelegt", schrieb sie nach der Landung in Lae am 30. Juni in ihr Logbuch. „Weitere 11 500 sind noch zu

Amelia Earhart (oben Mitte) und Fred Noonan (zurückgelehnt) beim Mittagessen auf einem Flugplatz in Venezuela, einer Etappe auf ihrem Weltflug.

bewältigen.“ Noonan und sie waren seit ihrem Start in Miami 30 Tage unterwegs, und die Anstrengungen machten sich allmählich bemerkbar. Aber die längsten und gefährlichsten Etappen ihrer Weltumrundung lagen noch vor ihnen: 4113 Kilometer von Lae nach Howland Island; 3100 Kilometer von Howland nach Hawaii; 3900 von Hawaii nach Oakland, wo ihr Flug zu Ende gehen würde.

Die Lockheed Electra hatte sich hervorragend bewährt. Auf diesem schwierigen Langstreckenflug hatte es einzelne kleine Pannen gegeben, die jedoch für eine so stark beanspruchte Maschine durchaus nichts Ungewöhnliches waren. Aber Noonan hatte Schwierigkeiten mit den Chronometern. Um genaue Standortbestimmungen vornehmen zu können, mußte er diese Präzisionsuhren mit einem Zeitsignal vergleichen, aber weder das Funkgerät der Lockheed Electra noch die hochempfindlichen Empfänger auf dem Flugplatz Lae konnten die von der amerikanischen Marine und dem amerikanischen Amt für Zeitmessung gesendeten Zeitsignale aufnehmen. Das war beunruhigend. „Howland ist ein so winziger Punkt im Pazifik, daß alle Hilfsmittel zu seiner Ortung verfügbar sein müssen“, stellte AE in ihren für Putnam bestimmten Notizen fest.

Am 2. Juli 1937 in Neuguinea – am 1. Juli auf Howland Island jenseits der internationalen Datumsgrenze – kletterten Pilotin und Navigator auf

In Bandung auf Java betankt holländisches Bodenpersonal die Lockheed Electra aus zuvor angelieferten Benzinfässern. „Wir fanden stets meine gewohnten Visitenkarten vor", schrieb Amelia Earhart, „Zweihundertliterfässer mit Benzin, auf denen jeweils groß mein Name in weißen oder roten Buchstaben stand."

Bei einer Ruhepause in Karatschi stellte die Pilotin fest, daß ein Kamelritt fast so gefährlich wie ein Flug sein konnte. „Der Start war beängstigend, als wir uns erhoben", schrieb sie, „und erinnerte mich nachhaltig an die ersten Symptome eines Flachtrudelns. Kamele sollten mit Stoßdämpfern ausgerüstet sein."

dem Flugplatz Lae in die Electra. Sie hatten alles ausgeladen, was nicht unbedingt für den Flug erforderlich war – darunter auch den größten Teil ihres persönlichen Gepäcks –, und die Tanks der Maschine waren mit 4350 Liter Benzin randvoll. Damit hatte die Electra theoretisch eine Reichweite von 6500 Kilometern, aber selbst leichter Gegenwind konnte diese Reichweite spürbar verringern.

Amelia Earhart verließ Neuguinea mit gemischten Gefühlen. Sie hatte nie Gelegenheit gehabt, bei ihren kurzen Zwischenlandungen Land und Leute mehr als nur oberflächlich kennenzulernen, und sich in Lae notiert: „Ich wollte, ich könnte eine Zeitlang friedlich hierbleiben und dieses seltsame Land besichtigen." Aber dann blickte sie nach Osten über den Pazifik und fügte hinzu: „Die ganze weite Welt liegt bereits hinter uns – bis auf diesen breiten Ozean. Ich freue mich auf den Tag, an dem wir die gefährliche Überfliegung hinter uns haben."

An diesem Morgen rumpelte die Electra um 10 Uhr schwerbeladen die 1000 Meter lange Dschungelstartbahn hinunter und hob kaum 20 Meter vor dem Rand einer steil ins Meer abfallenden Klippe ab. Dann stieg sie gleichmäßig auf eine Reiseflughöhe von 2400 Meter. Ihre geschätzte Ankunftszeit war 6.30 Uhr Ortszeit am nächsten Morgen – das hieß, daß sie einen ungefähr 18stündigen Flug vor sich hatte.

Sobald Lae den Start der Electra gemeldet hatte, begannen Fregattenkapitän Warner K. Thompson und die Besatzung der *Itasca* ihre Wache vor Howland Island. Eine Gruppe von Funkern wurde für die Bedienung des Langwellen-Bordpeilers eingeteilt, der auf der Notfrequenz 500 Kilohertz arbeitete. Der von Mantz angeforderte Kurzwellenpeiler wurde auf der Insel aufgebaut, wo der Funker Frank Cipriani versuchen sollte, AE auf den üblichen Flugfunkfrequenzen anzupeilen.

Vorgesehen war, daß AE alle halbe Stunde – jeweils um Viertel vor und Viertel nach der vollen Stunde – ihr Rufzeichen senden und Angaben über den Standort und Kurs machen sollte. Die *Itasca* sollte die Electra ihrerseits zu jeder vollen und halben Stunde über Sprechfunk rufen, um Wetterinformationen und Peilsignale zu senden; außerdem würde sie den Buchstaben A als Peilzeichen morsen.

Um 17.20 Uhr neuguineischer Zeit meldete Amelia Earhart an Lae, sie habe die Salomon-Inseln passiert und befinde sich genau auf Kurs. Aus Wetterberichten schien hervorzugehen, daß sie vermutlich gegen starken Gegenwind anzukämpfen hatte, aber AE erwähnte keine Schwierigkeiten. Sie hatte zu diesem Zeitpunkt fast ein Drittel der Strecke nach Howland Island zurückgelegt, und die *Itasca* würde in wenigen Stunden beginnen, die vereinbarten Signale zu senden. Nachts wurde jedoch nur noch eine Meldung der Electra aufgefangen.

Um 2.45 Uhr Howland-Island-Zeit war AEs Stimme undeutlich zu hören, weil starke atmosphärische Störungen den Empfang behinderten. „KHAQQ . . . wolkig . . . Wetter wolkig", war zu verstehen. Aber das war alles.

Die *Itasca* sendete weiterhin zu den vereinbarten Zeiten, und um 3.45 Uhr war Amelia Earhart wieder zu hören – diesmal etwas lauter, als sie dem Küstenwachboot versicherte, sie werde auf der vereinbarten Frequenz empfangsbereit sein: „*Itasca* von Earhart, *Itasca*. Sendet 3105 Kilohertz zur vollen und halben Stunde. Sendet 3105 Kilohertz zur vollen und halben Stunde. Bewölkt."

Eine Stunde später empfing die *Itasca* eine weitere Meldung der Electra, die jedoch in atmosphärischen Störungen unterging. Um 6.15 Uhr, nur eine

Viertelstunde vor der von Noonan errechneten Ankunftszeit auf Howland Island, meldete AE sich erneut und bat mit ruhiger Stimme um eine Peilung. Sie wollte in ihr Mikrophon pfeifen, damit die *Itasca* sie anpeilen konnte. Auf der Insel versuchte Funker Cipriani unverzüglich, die Electra mit seinem Peilempfänger anzupeilen, aber er hörte lediglich ein kurzes Pfeifen, das kaum von den üblichen Pfeif- und Quietschgeräuschen im Äther über dem Pazifik zu unterscheiden war.

Die *Itasca* verlangte ein längeres Signal, am besten auf der Notfrequenz 500 Kilohertz. Aber KHAQQ antwortete nicht.

Inzwischen war die Sonne aufgegangen. Die *Itasca* wiegte sich in einer leichten Dünung, und ihr Schornsteinrauch stieg senkrecht in den klaren Himmel auf. Aber im Nordwesten stand eine dunkle, dichte Wolkenbank, die darauf schließen ließ, daß die Electra sich vermutlich noch durch unsichtiges Wetter vorankämpfte.

Die voraussichtliche Ankunftszeit der Electra verstrich, ohne daß die *Itasca* auf ihre zunehmend drängenderen Anrufe eine Antwort bekommen hätte. In der Funkkabine des Küstenwachbootes wuchs die Besorgnis, das Funkgerät des Flugzeugs könnte defekt sein. Aber um 6.45 Uhr, pünktlich zur vereinbarten Sendezeit, meldete Amelia Earhart sich laut und deutlich: „Bitte anpeilen und in einer halben Stunde melden. Ich sende Dauerton durchs Mikrophon. Ungefähr 100 Meilen entfernt."

Auch diesmal war das Signal zu kurz, als daß die *Itasca* es hätte anpeilen können. Das Schiff sendete weiter und strahlte fast ununterbrochen ein Peilzeichen aus. Aber die Electra meldete sich nicht. Vielleicht gab es Schwierigkeiten mit dem Sender, vielleicht konnte der Peilempfänger der *Itasca* ein mit der langen Schleppantenne auf 500 Kilohertz gesendetes Signal aufnehmen, aber die Funker des Küstenwachbootes wußten nicht, daß AE die Schleppantenne in Amerika zurückgelassen hatte, wodurch ihr auf 500 Kilohertz arbeitender Notsender fast wertlos geworden war.

Um 7.18 Uhr rief die *Itasca* KHAQQ und verlangte einen Frequenzwechsel: „Können Sie auf 3105 nicht besonders gut anpeilen. Senden Sie bitte auf 50v – oder wollen Sie uns anpeilen? Bitte kommen." Auch diese Aufforderung verhallte wie zuvor ungehört.

Um 7.42 Uhr drang Amelia Earharts Stimme dann laut und klar aus dem Lautsprecher. „KHAQQ ruft *Itasca*", sagte sie. „Wir müssen fast bei Ihnen sein, aber wir können Sie nicht sehen. Aber Benzin wird knapp. Haben Sie nicht über Funk erreichen können. Wir fliegen in 330 Meter Höhe." Die Electra hätte von Deck aus zu sehen sein müssen, aber sie war nirgends zu erkennen, und die Antwort der *Itasca* wurde nicht bestätigt.

Eine Viertelstunde später, um 7.58 Uhr, war Amelia Earhart wieder zu hören: „KHAQQ ruft *Itasca*. Wir kreisen, können aber Insel nicht sehen, können Sie nicht hören." Dann bat sie um Antwort. Der Empfang war noch besser als zuvor, aber ihre bisher am Mikrophon so ruhige, fast monotone Stimme klang jetzt aufgeregt hoch und nervös. Die Männer in der Funkkabine bemühten sich verzweifelt, ihr zu helfen, sie anzupeilen und mit ihr zu sprechen, aber die Funkausrüstung der Electra schien irgendwie defekt zu sein. Die Maschine mußte ganz in der Nähe sein – aber wo?

Der Funker sendete hastig eine endlose Reihe Punkte und Striche: den Buchstaben A als das vereinbarte Peilzeichen. Plötzlich meldete sich Amelia Earhart. „Wir empfangen ihre Zeichen", sagte sie und fügte hinzu, es sei ihnen nicht möglich, sie anzupeilen. „Peilen Sie uns bitte an und antworten Sie auf 3105 Kilohertz", verlangte sie.

Amelia Earhart sendete Striche, um auf diese Weise in Verbindung zu bleiben. Die *Itasca* teilte ihr mit, eine Peilung auf 3105 Kilohertz sei nicht möglich, und forderte sie zum Senden auf der Notfrequenz auf. Dann verstummte die Electra. Die *Itasca* rief sofort den Funker Cipriani auf Howland Island und fragte nach, ob er das Flugzeug habe anpeilen können. Das war Cipriani ebenfalls nicht gelungen; die Batterien seines Peilempfängers waren schwach und lieferten fast keinen Strom mehr.

Die *Itasca* sendete weiter und bat um Antwort. Die Electra war zwei Stunden überfällig, und die Atmosphäre in der Funkkabine war fast unerträglich gespannt. An Deck suchten Ausgucke den Himmel nach der zweimotorigen Maschine ab. Aus dem Schornstein des Küstenwachbootes stieg eine gewaltige schwarze Rauchwolke auf, die als Ansteuerpunkt für jedes Flugzeug im Umkreis von 50 Kilometern hätte dienen können. Außer dieser Rauchsäule und der Wolkenbank, die noch immer im Nordwesten stand, waren in der Morgensonne nur glitzernde Wasserflächen zu sehen.

Aber um 8.45 Uhr meldete die verschollen geglaubte Stimme sich mit einer rätselhaften Standortbestimmung wieder. „Wir befinden uns auf der

THE WEATHER
Partly cloudy tonight and Sunday; probably local thunder showers Sunday afternoon; little change in temperature.
Detailed report on Page 2

THE EVENING SUN

5 ★ ★ ★ ★ ★ FINANCIAL

Vol. 55 — PAID CIRCULATION JUNE MORNING, 147,274 EVENING, 154,617 301,891 || SUNDAY 210,928 — BALTIMORE, SATURDAY, JULY 3, 1937 — Entered as second-class matter at Baltimore Postoffice — 14 Pages — 2 Cents

Amelia Earhart's Voice Heard Faintly By Radio Calling For Help

"So Big," And She Missed It

AMELIA EARHART

WEAK MESSAGE PLACES PLANE NEAR EQUATOR

Amateur Operator Recognizes Flyer's Voice. S O S Heard Earlier

BATTLESHIP JOINS WIDE PACIFIC SEARCH

Aviatrix And Aide Believed Down In Shark-Infested Waters

[By the Associated Press]

Los Angeles, July 3—Reports that the voice of Amelia Earhart had been picked up, calling "S O S" from the mystery spot where she is lost in mid-Pacific, buoyed hopes for her ultimate rescue today as the navy ordered a battleship into the search.

Two Los Angeles amateur radio operators said that as late as 7 A. M. Pacific time (10 A. M. E. S. T.) they distinctly heard her sound her c[illegible] letters, KHAQQ, after thrice say[illegible] "S O S" some twenty minutes earlie[illegible]

At San Francisco, however, a C[illegible] Guard sta[illegible] reported at noon [illegible] ern stand[illegible] time) it had recei[illegible] word wh[illegible] although radio [illegible] tion was [illegible]y good.

[illegible] tions [illegible] were tun[illegible] quency of Miss Earhart's plane, officials said "not a whisper" had bee[illegible] heard.

Earlier the Los Angeles operators, Walter McMenamy and Carl Pierson, interpreted radio signals as placing the plane adrift near the Equator between the Gilbert Islands and Howland Island, the latter Miss Earhart's

Nachdem Amelia Earhart im Pazifik verschollen war, verkündeten Schlagzeilen wie diese, daß ihr SOS von zwei Funkamateuren in Los Angeles aufgefangen worden sei. Diese Meldung löste eine Woge ähnlicher Berichte von Amateurfunkern in ganz Amerika aus. Auf dem Photo zeigt Amelia Earhart, wie winzig Howland Island auf der Karte des Pazifik aussieht.

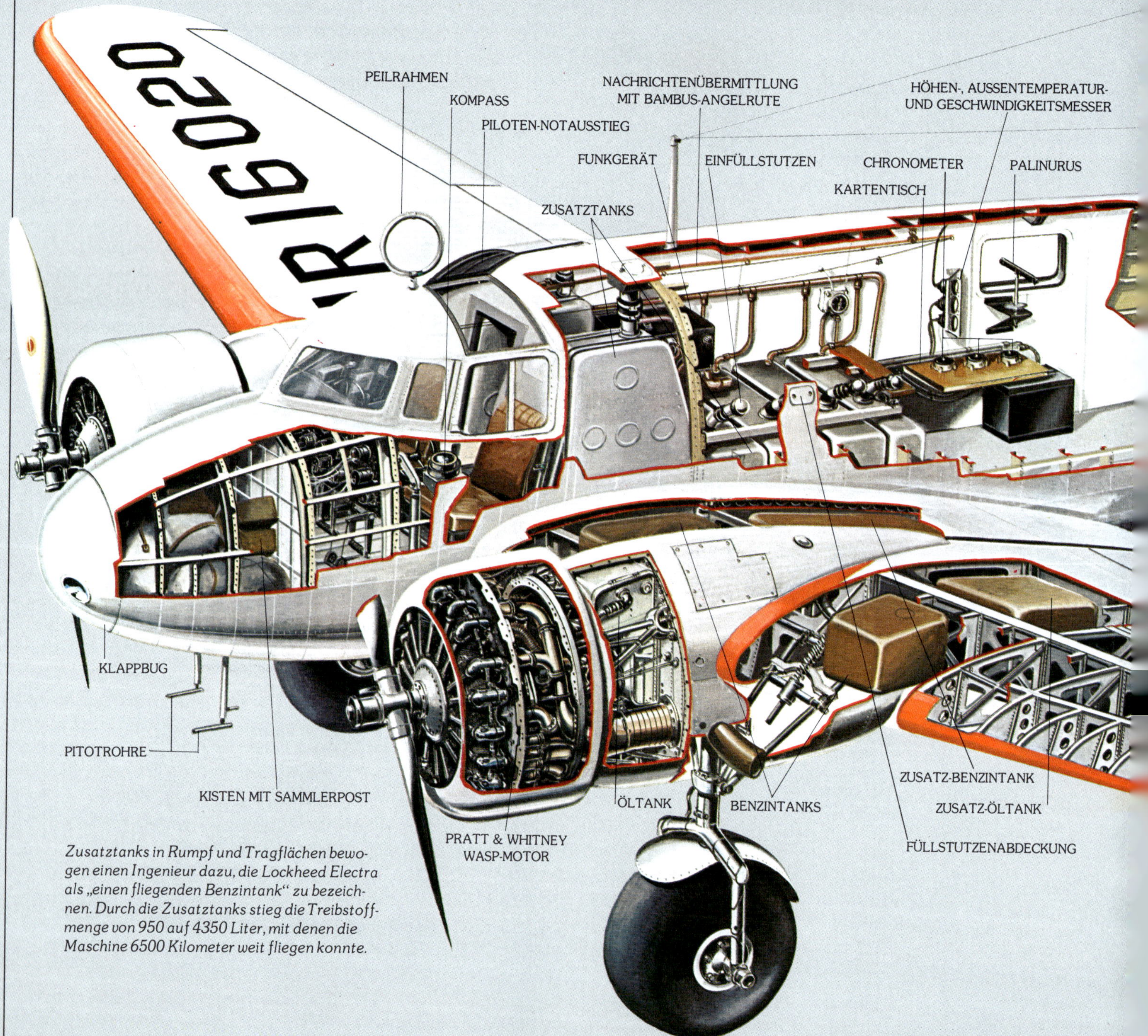

Zusatztanks in Rumpf und Tragflächen bewogen einen Ingenieur dazu, die Lockheed Electra als „einen fliegenden Benzintank“ zu bezeichnen. Durch die Zusatztanks stieg die Treibstoffmenge von 950 auf 4350 Liter, mit denen die Maschine 6500 Kilometer weit fliegen konnte.

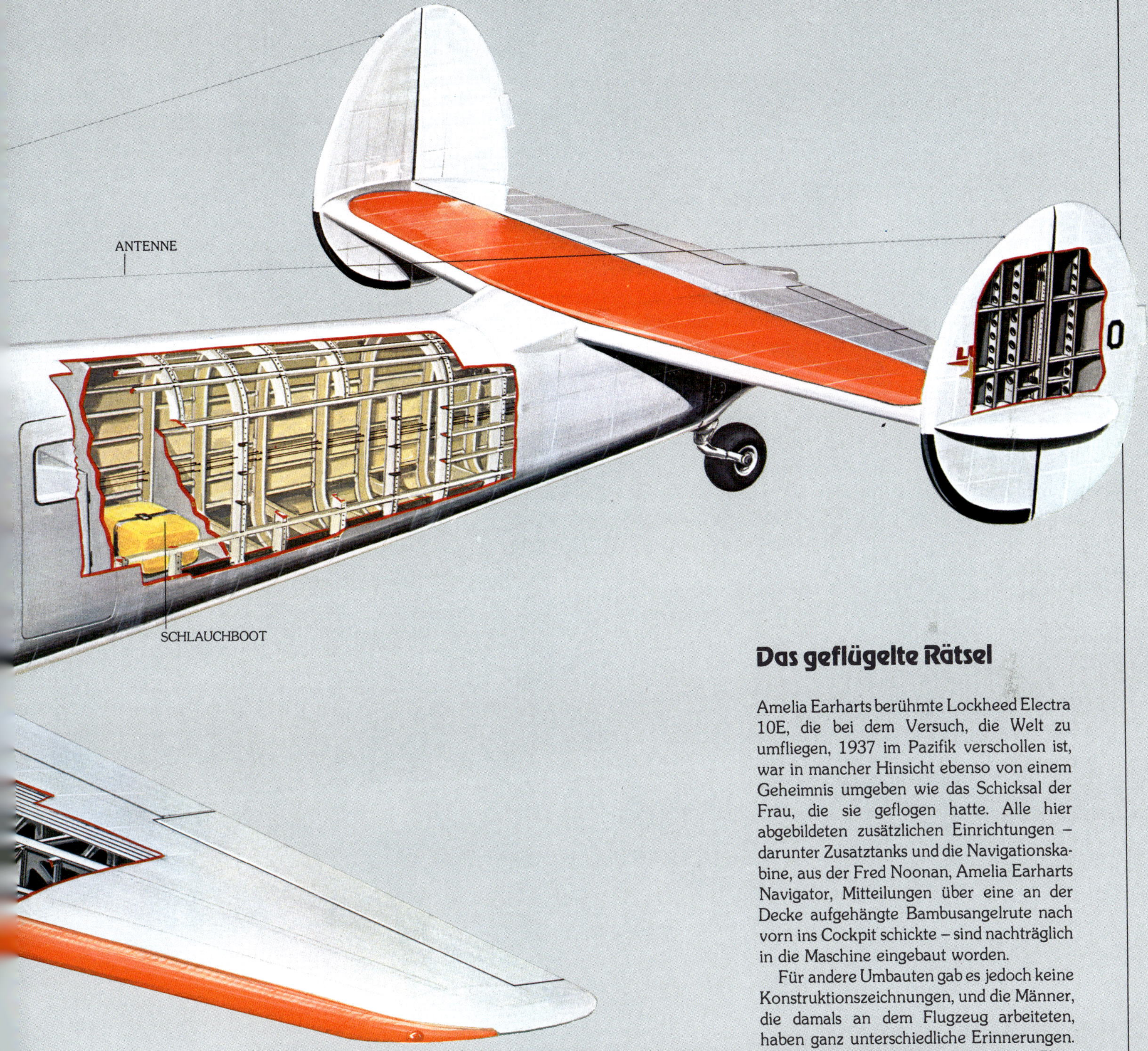

Das geflügelte Rätsel

Amelia Earharts berühmte Lockheed Electra 10E, die bei dem Versuch, die Welt zu umfliegen, 1937 im Pazifik verschollen ist, war in mancher Hinsicht ebenso von einem Geheimnis umgeben wie das Schicksal der Frau, die sie geflogen hatte. Alle hier abgebildeten zusätzlichen Einrichtungen – darunter Zusatztanks und die Navigationskabine, aus der Fred Noonan, Amelia Earharts Navigator, Mitteilungen über eine an der Decke aufgehängte Bambusangelrute nach vorn ins Cockpit schickte – sind nachträglich in die Maschine eingebaut worden.

Für andere Umbauten gab es jedoch keine Konstruktionszeichnungen, und die Männer, die damals an dem Flugzeug arbeiteten, haben ganz unterschiedliche Erinnerungen. Manche behaupten beispielsweise, im Flugzeugbug seien Kameras für Spionageaufnahmen von japanischen Inseln im Pazifik eingebaut gewesen – während andere, die das Flugzeug ebenfalls kannten, diese Möglichkeit energisch bestritten. Falls die Überreste der Electra nicht eines Tages gefunden werden, dürfte ihre genaue Inneneinrichtung für immer ein Rätsel bleiben.

Positionslinie 157–337", sagte Amelia Earhart. Und sie fügte fast verzweifelt hinzu: „Wir fliegen Suchschleifen nach Norden und Süden."

Danach herrschte wieder nur Schweigen. Die *Itasca* rief KHAQQ weiterhin mit Sprech- und Tastfunk und forderte Amelia Earhart auf, sich zu melden, obwohl die Funker ahnten, daß sie wahrscheinlich abgestürzt oder notgewassert war.

Um 10.40 Uhr begannen die Männer der *Itasca* ihre Suche nach Amelia Earhart, ohne handgreifliche Hinweise auf ihre letzte Position zu haben. Sie wußten nicht recht, wo sie anfangen sollten. Die letzte Standortmeldung der Maschine war offenbar auf der Grundlage von Noonans astronomischer Ortsbestimmung abgesetzt worden, aber da die Electra „Suchschleifen nach Norden und Süden" geflogen hatte, schienen die beiden Flieger ihren genauen Standort nicht gekannt zu haben. Indem sie Suchschleifen flogen, hofften sie dadurch auf Howland Island zu stoßen. Dazu kam die Frage des Treibstoffs: Wie lange konnte AE noch weitergeflogen sein, wenn ihr Benzin schon um 7.42 Uhr knapp geworden war? Falls sie noch flog, mußte eine Notwasserung unmittelbar bevorstehen.

Die *Itasca* funkte und suchte vergebens weiter. Als die Vermißtenmeldung Amerika erreichte, wurde eine Suchaktion bisher nie dagewesenen Ausmaßes, an der etwa zehn Schiffe und zahllose Flugzeuge beteiligt waren, eingeleitet, um die Vermißten zu finden. Aber sie wurden nicht gefunden. Tage verstrichen, dann Wochen, Monate und Jahre.

Um ihr geheimnisvolles Verschwinden rankten sich allerlei Mythen. Nach dem Zweiten Weltkrieg machten einander widersprechende Gerüchte, nach denen die Flieger auf dieser oder jener Insel überlebt haben oder auf Saipan oder Truk von japanischen Truppen hingerichtet worden sein sollten, die Runde, lösten private Suchaktionen aus und lieferten Stoff für bizarre Bücher voller erlogener „Tatsachenberichte". Trotz aller sensationellen Spekulationen blieb das Rätsel ihres Verschwindens ungelöst. Was wirklich geschehen war, wo und warum Amelia Earhart und Fred Noonan den Tod gefunden hatten, blieb für immer ungeklärt. Aber die Erfolge der berühmtesten amerikanischen Fliegerin blieben unvergessen.

Jackie Cochran klettert aus ihrer Seversky AP-7, nachdem sie 1938 im Bendix-Rennen das aus Männern bestehende Feld hinter sich gelassen hat. Sie konnte 12 500 Dollar an Preisgeldern in Empfang nehmen. Ihr überraschender Sieg gab zu dem Gerücht Anlaß, ihre Maschine sei heimlich von einem Mann geflogen worden.

Fünf Monate nachdem Amelia Earharts Meldung aus dem Lautsprecher der *Itasca* gedrungen war, versammelten sich etwa 200 Personen vor einem Rednerpodium auf dem Floyd-Bennett-Flugplatz auf Long Island, New York. Ein eisiger Novemberwind pfiff durch die Wintermäntel, aber Rednerin und Zuhörerinnen achteten nicht auf die Kälte. Sie waren als Mitglieder der Women's National Aeronautical Association, einer Vereinigung amerikanischer Pilotinnen, zu einer Gedenkfeier für Amelia Earhart zusammengekommen. Jacqueline Cochran hielt die Gedenkrede.

„Wenn ihr letzter Flug in die Ewigkeit geführt hat, kann man ihren Verlust betrauern, aber ihren Versuch nicht bedauern", stellte sie nachdrücklich fest. „Amelia hat nicht verloren, denn ihr letzter Flug ist endlos gewesen. Wie bei einem Staffellauf des Fortschritts hat sie die Fackel lediglich anderen übergeben, die sie zum nächsten Ziel und von dort bis in alle Ewigkeit weitertragen werden." In einer Welt, die allmählich gegen wagemutige Flüge abstumpfte, sollte bald Jackie Cochran selbst eine neue Generation von Fliegerinnen repräsentieren.

Nachdem sie im Bendix-Rennen des Jahres 1935 hatte aufgeben müssen, war sie entschlossen, bei den nächsten Wettflügen mehr Erfolg zu haben. Sie begann ihre Siegesserie 1937, stellte einen neuen Geschwindigkeitsrekord nach dem anderen auf und überbot ihre eigenen Rekorde anschließend gleich wieder. Im Herbst dieses Jahres nahm sie als einzige Frau am Bendix-Rennen teil; obwohl sie mit ihrer Beechcraft Staggerwing gegen ausgesprochene Rennflugzeuge konkurrieren mußte, gewann sie mit dem dritten Platz 3000 Dollar und erhielt eine Sonderprämie von 2500 Dollar für die beste Placierung einer Frau. Im Dezember 1937 flog sie in aufsehenerregenden 4 Stunden und 12 Minuten ohne Zwischenlandung von New York nach Miami, brach damit alle bisherigen Rekorde und legte den Grundstock für eine noch sensationellere Leistung.

Den Rekord auf der Strecke New York–Miami hatte Jacqueline Cochran mit einer Seversky Executive aufgestellt, und ihr verblüffender Erfolg brachte den Hersteller auf eine Idee. Der in Rußland geborene Alexander P. de Seversky bemühte sich seit Jahren, das amerikanische Heeresfliegerkorps davon zu überzeugen, daß sein schneller Langstreckenjäger Seversky P-35 das beste Jagdflugzeug der Welt sei, aber die Maschine war trotz aller Anpreisungen auf kein Interesse gestoßen. Jetzt kam er zu dem Schluß, daß es Aufsehen erregen müsse, wenn Jackie Cochran mit der AP-7, einer Zivilausführung der P-35, beim Bendix-Rennen 1938 einen Nonstopflug von Los Angeles nach Cleveland mache. Jackie Cochran stürzte sich auf diese Chance. Das neueste Modell der Seversky AP-7 mit 1200-PS-Motor – eine Versuchsmaschine mit Zusatztanks in den Tragflächen – war damals noch von keinem Piloten auf längeren Strecken getestet worden.

Am Starttag war Jackie Cochran die einzige Frau unter zehn Wettbewerbern. Sie startete am Morgen des 3. September 1938 als dritte Teilnehmerin vom Flughafen Burbank und landete am Nachmittag des gleichen Tages zu Severskys großer Begeisterung und ihrer eigenen Freude als erste auf dem Flughafen Cleveland. Trotz einer blockierten Benzinleitung, die Jackie Cochran dazu gezwungen hatte, eine Tragfläche höher als die andere zu halten, damit der Motor Treibstoff bekam, hatte sie die 3286 Kilometer nach Cleveland in 8 Stunden, 10 Minuten und 31 Sekunden zurückgelegt, die Strecke ohne Zwischenlandung geschafft und eine Durchschnittsgeschwindigkeit von knapp über 400 Stundenkilometern erreicht. Nach der Zwischenlandung in Cleveland flog sie unverzüglich nach New York weiter und stellte damit einen neuen Frauenrekord für die West-Ost-Überquerung des amerikanischen Kontinents auf. Damit hatte Jackie Cochran einen Höhepunkt ihrer Fliegerkarriere erreicht, die in den kommenden Jahren noch zahlreiche weitere Erst-, Best- und Höchstleistungen aufweisen sollte.

Nun regnete es Anerkennungen und Trophäen. Von 1938 an erhielt Jackie Cochran dreimal nacheinander die begehrte Clifford Burke Harmon Trophy als beste Fliegerin der Welt. Im Jahre 1939 stellte sie einen Höhenweltrekord für Frauen auf und machte als erste Frau eine Instrumentenlandung. 1940 stellte Jackie Cochran zwei weitere Geschwindigkeitsrekorde für Männer und Frauen auf. Und im Juni 1941 überführte sie als erste Frau ein Militärflugzeug über den Atlantik.

Dabei handelte es sich um einen amerikanischen Bomber, den Jackie Cochran in Kanada übernahm, um ihn in das umkämpfte England zu bringen. Die Welt führte erneut Krieg, und die Flieger hatten Wichtigeres zu tun, als sich in freundschaftlichem Wettstreit zu messen. Und die Fliegerinnen, die im Ersten Weltkrieg vergeblich darum gekämpft hatten, ihrem Vaterland in der Luft dienen zu dürfen, waren entschlossen, ihre Fähigkeiten im Zweiten Weltkrieg unter Beweis zu stellen.

5

Frauen im Krieg

Am 6. September 1942 erhielt die erfahrene Fluglehrerin und Flugzeugvorführerin Betty Huyler Gillies in Syosset, Long Island, ein Telegramm, in dem es unter anderem hieß: LUFTTRANSPORTKOMMANDO STELLT GRUPPE VON PILOTINNEN FÜR ÜBERFÜHRUNGSFLÜGE IM INLAND AUF STOP NOTWENDIGE QUALIFIKATIONEN SIND BERUFSPILOTENSCHEIN FÜNFHUNDERT STUNDEN 200-PS-LIZENZ STOP DRAHTEN SIE SOFORT OB EINSETZBAR. Unterzeichnet war dieses Telegramm von Henry H. „Hap“ Arnold, dem kommandierenden General der amerikanischen Heeresluftstreitkräfte.

Ähnliche Anfragen sollten viele Pilotinnen im Laufe des Zweiten Weltkriegs auf beiden Seiten des Atlantiks in dieser oder abgewandelter Form erhalten. Die grimmigen Realitäten eines weltweiten Krieges zwangen ein Land nach dem anderen dazu, die Rolle der Frau angesichts eines nationalen Notstandes neu zu überdenken. Vor allem Pilotinnen waren wertvoll, denn sie beherrschten zumindest in Grundzügen jene Fähigkeiten, die jetzt verzweifelt benötigt wurden. Sie stellten „eine Waffe dar, die darauf wartet, gebraucht zu werden“, wie es Eleanor Roosevelt, Amerikas First Lady, ausdrückte.

In England und Amerika wurde diese Waffe anfangs sehr skeptisch betrachtet. „Die Gefahr“, schrieb C. G. Grey, der bisherige Chefredakteur der angesehenen englischen Zeitschrift *The Aeroplane* 1939, „geht von der Frau aus, die sich einbildet, sie könnte einen schnellen Bomber fliegen, obwohl sie in Wirklichkeit nicht genug Grips hat, um in einem Krankenhaus Fußböden zu schrubben.“ In den Vereinigten Staaten lehnte es auch General Hap Arnold zunächst zweimal ab, Frauen als Überführungspiloten einzusetzen, was er später damit erklärte, daß er sich nicht sicher gewesen sei, „ob ein schmächtiges junges Mädchen das Steuer einer B-17 beherrschen“ könne. In Kanada durften die Angehörigen des kanadischen Frauen-Hilfskorps der Luftstreitkräfte während des Krieges nicht aktiv fliegen und mußten sich statt dessen damit zufriedengeben, Männer des Bodenpersonals zu ersetzen.

Im Gegensatz dazu setzten Deutschland und Rußland ihre Pilotinnen fast von Anfang an ein. In Deutschland überführten Frauen Militärflugzeuge aus den Fabriken zu Feldflugplätzen in Frontnähe. Melitta Schiller und Hanna Reitsch erprobten sogar die modernsten Jäger der Luftwaffe.

Die deutschen Pilotinnen blieben Zivilistinnen, aber russische Frauen erhielten sogar militärische Dienstgrade. Dieser militärische Status bewirkte,

Joan Hughes, eine Überführungspilotin der britischen Air Transport Auxiliary (ATA), erscheint winzig im Vergleich zu dem riesigen viermotorigen Sterling-Bomber, den sie aus dem Werk hergeflogen hat.

daß russische Pilotinnen Einsätze fliegen konnten. Sie waren dann auch die ersten Frauen – außer einer türkischen Pilotin in den dreißiger Jahren *(S. 137)* –, die Einsätze mit Jägern und Bombern flogen. Von den übrigen wichtigen kriegführenden Mächten setzten weder Italien noch Japan Frauen als Militärpilotinnen ein. In beiden Ländern arbeiteten Frauen – wie in Kanada und Australien – lediglich als Hilfskräfte: als Fallschirmpackerinnen, in Flugzeugwerken und als Stabshelferinnen. Frankreich verfügte über eine größere Anzahl hochspezialisierter Pilotinnen, wurde jedoch überrannt, bevor sie eine Rolle spielen konnten.

Die Frau, die den weiblichen britischen Piloten die Möglichkeit eröffnete, ihren Beitrag zu den Kriegsanstrengungen ihres Landes zu leisten, war eine resolute, geistreiche Blondine namens Pauline Gower, die Tochter des bekannten Abgeordneten Sir Robert Gower. Pauline Gower war Anfang der dreißiger Jahre Mitbesitzerin eines Lufttaxiunternehmens und Mitglied der Regierungskommission für die zivile Luftverteidigung gewesen, deren Aufgabe die Ausbildung einer Pilotenreserve für den Dienst im Ernstfall war. Als sie sah, daß eine Abteilung des britischen Lufttransportkommandos, die Air Transport Auxiliary (ATA), nach Kriegsausbruch Überführungsflüge durchführte und Frauen rigoros ausschloß, machte sie ihren Einfluß geltend, um beim Luftfahrtministerium etwas zu erreichen.

Das Ministerium beauftragte sie schließlich, eine Frauensektion der ATA aufzustellen, die aus lediglich acht Pilotinnen bestehen und nur kleine Schulflugzeuge überführen sollte. Die Ersten Acht, wie die Zeitungen sie nannten, waren in Hatfield in Hertfordshire stationiert, wo sie ihre Unterkunft selbst bezahlen mußten, obwohl sie 20 Prozent weniger verdienten als ATA-Piloten gleicher Dienstgrade. Da jede von ihnen mindestens 600 Flugstunden vorweisen konnte, brauchten sie nicht einmal eine Zusatzausbildung.

Den ganzen nassen, bitterkalten Winter 1940 überführten sie einmotorige Schulflugzeuge des Typs Tiger Moth nach Nordengland und Schottland. Der einzige Wetterschutz auf dem langen Flug nach Norden war die kleine Windschutzscheibe vor dem offenen Führersitz. „Keine von uns wird jemals den Schmerz des Auftauens nach solchen Flügen vergessen", schrieb Pauline Gower später. Je nach den Witterungsbedingungen konnte der Flug nach Norden einige Tage bis zwei Wochen dauern, und in dieser Zeit mußte die Pilotin auf den Flugplätzen der Royal Air Force zwischenlanden, um zu tanken und sich auszuruhen, obwohl dort noch keine Einrichtungen für sie existierten. Da sie nicht auf den Flugplätzen schlafen konnten, fuhren die Pilotinnen meist in die nächste Stadt, um sich dort irgendwo ein Bett für die Nacht zu suchen.

Noch schlimmer wurde die Sache dadurch, daß „wir, offen gesagt, unbeliebt waren", wie die ATA-Chefin hinzufügte. Die Piloten der Royal Air Force hatten den Eindruck, die ATA-Pilotinnen würden in der Presse viel mehr gelobt, als sie eigentlich verdienten. Außerdem ließen die Piloten keinen Zweifel daran, daß sie von der fachlichen Kompetenz ihrer Kolleginnen keineswegs überzeugt waren. Pauline Gower gelangte zu dem Schluß, daß diese „beträchtlichen Vorurteile" sich nur durch eine makellose Erfolgsbilanz überwinden ließen. „Wir knickten keinen einzigen Grashalm", hielt sie später mit Genugtuung fest – und wies darauf hin, daß ihre neuen Pilotinnen in den deprimierenden ersten Monaten des Jahres 1940 keinen Unfall hatten. (Im Laufe des Krieges war die Unfallquote bei ATA-Piloten und -Pilotinnen buchstäblich gleich.) Die Einstellung der Frauen wurde von

Eine „Amazone der Luft"

Kaum ein Jahrzehnt nach der Befreiung der türkischen Frauen aus den Harems des alten Osmanischen Reiches wurde eine zierliche Waise namens Sabiha Gökçen *(unten)* die erste Fliegerin ihres Landes, seine erste Militärpilotin und wahrscheinlich die erste Frau überhaupt, die Kampfeinsätze flog.

Dazu hatte sie Beziehungen gebraucht. Nachdem ihre Eltern bei den Unruhen, von denen die Türkei nach dem Ersten Weltkrieg erschüttert wurde, umgekommen waren, wurde Sabiha von Kemal Atatürk adoptiert – dem starken Mann der Türkei, der das Land in den zwanziger und dreißiger Jahren beherrschte und modernisierte. Als seine Adoptivtochter unbedingt fliegen lernen wollte, sorgte Atatürk dafür, daß sie in eine zivile Fliegerschule aufgenommen wurde und danach die türkische Militärpilotenausbildung mitmachen durfte.

Die Fliegerin wurde über Nacht bekannt, als sie 1937 zu einer aus neun Flugzeugen bestehenden Staffel stieß, die aufständische Kurden bekämpfte. Die „Amazone der Luft" bombardierte und beschoß die Aufständischen einen Monat lang und kam ohne Verletzung davon, obwohl ihre langsame Maschine von Gewehrschüssen durchsiebt wurde. Nach diesem kometenhaften Aufstieg war sie nur noch als Fluglehrerin tätig, flog bis 1966 weiter und brachte es auf insgesamt 4000 Flugstunden.

Die erste türkische Pilotin küßt Staatsoberhaupt Kemal Atatürk die Hand, bevor sie 1937 mit ihrer Luftwaffeneinheit Kampfeinsätze fliegt.

Unter Führung von Commander Pauline Gower (dritte von rechts) kommen Angehörige der Air Transport Auxiliary mit einer Anson der ATA auf den Stützpunkt Hatfield zurück, nachdem sie tagsüber Maschinen nach verschiedenen Flugplätzen in ganz England überführt hatten.

der amerikanischen ATA-Pilotin Mary Hooper treffend wiedergegeben, als sie feststellte: „Frauen sind ohnehin mit einem schweren Handikap belastet. Deshalb sind wir gewissenhafter und tun alles, damit keiner sagen kann: ‚Schon wieder eine Pilotin!'"

Für Piloten wie Pilotinnen waren Überführungsflüge während des Krieges in England keine leichte Aufgabe. Sie führten fast immer über umständliche Zickzackstrecken, um Ballonsperren, Artillerieschießplätzen, Fliegerschulen der Royal Air Force und den Flakbatterien an der Küste auszuweichen. Da aus Geheimhaltungsgründen nicht gefunkt werden durfte, mußten die Fliegerinnen nach unzulänglichen Karten navigieren und teilweise auf ihre Ortskenntnis zurückgreifen. Unerwartet auftauchende lokale Luftfahrthindernisse mußten überwunden werden, so gut es eben ging. Eine ATA-Pilotin, die auf einem ihr fremden Flugplatz in Wales zur Landung einschwebte, streifte eine Hochspannungsleitung, überschlug sich mit ihrer Maschine und kam wie durch ein Wunder mit Schnittwunden

ATA-Pilotinnen prägen sich markante Punkte auf der Karte ein, bevor sie zu ihren Zickzackflügen um Ballonsperren, Schlechtwettergebiete, Schießplätze und Fliegerausbildungszentren starten. „Wir kennen keine Luftlinie", schrieb Commander Gower einmal.

im Gesicht davon. „In fünfzehn Meter Höhe sollten Sie keinen Looping mehr probieren, Miss", meinte ein Bordingenieur ironisch.

Bei Überführungsflügen bestand auch die Gefahr, auf feindliche Flugzeuge zu stoßen. Margaret Fairweather, eine der erfahrensten ATA-Pilotinnen, hatte eines Morgens eben erst von der Startbahn abgehoben, als sie beinahe mit einem deutschen Bomber zusammengestoßen wäre, der den Platz angreifen wollte. Sie zog ihre Maschine hoch, um außer Reichweite der deutschen MGs zu kommen, und flog gelassen weiter. Als sich zeigte, daß die ATA-Pilotinnen solche Krisen zu meistern wußten, wurden ihnen größere Flugzeuge anvertraut, und Margaret Fairweather flog bald die schwersten viermotorigen Bomber. Im Jahre 1943 flogen Frauen auf Überführungsflügen praktisch alle britischen Militärflugzeuge – insgesamt 120 verschiedene Flugzeugtypen.

Auf dem Höhepunkt des Krieges flogen über 100 Frauen in der Air Transport Auxiliary. Zu ihnen gehörten außer Engländerinnen auch

Amerikanerinnen, Australierinnen, Kanadierinnen, Südafrikanerinnen, Neuseeländerinnen, drei Polinnen und eine Chilenin. Die berühmteste ATA-Pilotin war die Langstreckenfliegerin Amy Johnson, die ohne Aufsehen eingetreten war und ebenso unauffällig Dienst tat.

Manchmal hatten die Pilotinnen bis zu vier verschiedene Flugzeuge an einem einzigen Tag zu überführen. Ihr Dienst begann vor Tagesanbruch, wenn sie im Bereitschaftsraum die Wetterkarten und die Verteilung der Ballonsperren studierten und sich die schmalen Luftkorridore einprägten, in denen sie zwischen Flugzeugwerken, Wartungsbetrieben, Ausbildungsplätzen und Staffeln hin und her fliegen würden. Nach einer letzten hastig getrunkenen Tasse Tee ging es dann auf den Platz hinaus – mit dem Flugauftrag in der Hand und dem sperrigen Fallschirm über der Schulter.

Nach einer speziellen Einweisung in die verschiedenen Grundtypen von Flugzeugen mußten ATA-Pilotinnen jede ihnen zugewiesene Maschine an jeden beliebigen Ort bringen können. Da jedoch kein Pilot mit sämtlichen Baumustern vertraut sein konnte, waren sie oft auf ein bemerkenswertes Buch mit dem Titel *Ferry Pilots' Notes* angewiesen. Die *Notes* enthielten auf engstem Raum alle wichtigen Angaben über das jeweilige Flugzeug, und es kam oft vor, daß Piloten sich kurz darin informierten, während sie mit einem ihnen noch unbekannten Baumuster zum Start rollten. Jackie Sorour – mit 20 Jahren die jüngste ATA-Pilotin – erinnerte sich noch lange an das entsetzte Gesicht eines Luftmarschalls, der in ihrer zweimotorigen Albemarle mitflog, als sie sich kurz nach dem Start lächelnd nach ihm umdrehte, ihm erklärte, sie habe noch nie eine Albemarle geflogen, und in ihren *Ferry Pilots' Notes* zu blättern begann. Zum Glück endete der Flug mit einer glatten Landung, so daß der Luftmarschall mit neuem Respekt vor dem Einfallsreichtum der ATA-Pilotinnen aus der Maschine kletterte.

Abstürze von ATA-Pilotinnen waren im allgemeinen auf die Einsatzbedingungen während des Krieges zurückzuführen, wobei Übermüdung eine große Rolle spielte. Insgesamt verunglückten 15 Pilotinnen tödlich. Andere entgingen dem Tod nur um Haaresbreite. Diana Barnato, eine erfahrene ATA-Pilotin, überführte im Jahre 1944 ein schnelles Jagdflugzeug des Typs Tempest, als eine ungeklärte Explosion ihr den Boden unter den Füßen wegsprengte. Sie war sicher auf ihrem Sitz angegurtet, aber ihre Füße hingen ins Leere, als sie mit der Maschine auf dem nächsten Feld notlandete.

Selbst die erfahrensten Pilotinnen waren dem Wetter ausgeliefert. Jackie Sorour erinnerte sich, daß der 5. Januar 1941 ein besonders schlechter Tag gewesen war – kalt, neblig, mit Regen- und Schneeschauern. Sie hatte eine Airspeed Oxford, ein zweimotoriges Schulflugzeug, von einem Flugplatz in Südwales nach Kidlington bei Oxford zu überführen. Ihre Strecke führte über Bergland und dann den Bristol-Kanal entlang nach Osten.

„Ich hätte umkehren sollen, aber die Täler lockten wie Tunnel", schrieb sie später. „Ich schoß in eines hinein und starrte nach vorn, aber das andere Ende wurde durch eine Wolkenwand blockiert." Sie zog den Steuerknüppel nach hinten, stieg steil nach oben und durchbrach in 1200 Metern die Wolkendecke, über der strahlender Sonnenschein herrschte. Dort flog sie weiter, ohne zu wissen, ob sie Land oder Meer unter sich hatte. Als ihr Treibstoffvorrat rasch abnahm, mußte sie wieder hinunter. „Die Wolken umschlossen mich wie Wasser einen Stein", berichtete sie. „Ich sank langsam. Sechshundert Meter. Vierhundertfünfzig. Dreihundert. Zweihundert." Als ein Aufprall schon fast unvermeidlich geworden zu sein schien, rissen die Wolken auf und ließen das graue Wasser des Bristol-Kanals mit der Küste von Somerset im Osten erkennen. Zwanzig Minuten später war sie mit ihrer Maschine sicher gelandet.

An diesem Tag flog aber auch eine weit berühmtere ATA-Pilotin nach Kidlington: Amy Johnson war kurz vor Mittag in Blackpool an der Küste von Lancashire gestartet und flog wie Jackie Sorour eine zweimotorige Oxford. Ihre geschätzte Ankunftszeit verstrich, und Amy Johnson war längst überfällig. Um 15.30 Uhr kam ein Fallschirm aus den dunklen Wolken über der Themsemündung, die nicht nur abseits von Amy Johnsons festgelegtem Kurs, sondern auch etwa 150 Kilometer zuweit entfernt war. Wenig später stürzte eine zweimotorige Oxford ins Wasser.

Die am Fallschirm hängende Gestalt tauchte in der Nähe des im Geleitzugdienst eingesetzten Trawlers H.M.S. *Haslemere* in das vom Wind aufgewühlte eisige Wasser. Die *Haslemere* änderte ihren Kurs und hielt auf den im Wasser auf und ab tanzenden Sturzhelm zu. Auf der Fahrt dorthin lief der Trawler auf Grund. Was daraufhin geschah, wurde in späteren Berichten unterschiedlich dargestellt. Nach Aussage einiger Besatzungsmitglieder der *Haslemere* kämpften an diesem Tag zwei Gestalten mit den Wellen – obwohl die ATA darauf bestand, Amy Johnson sei allein geflogen. Klar ist jedoch, daß eine Frauenstimme den Matrosen zurief: „Schnell, bitte macht schnell!“ Sie bemühten sich, nach der Pilotin zu greifen, als der Seegang sie gegen die *Haslemere* trieb, aber sie verschwand unter dem Heck des Trawlers und kam nicht wieder hoch. Auch die zweite Gestalt – falls es sie gegeben haben sollte – blieb im Meer zurück. Da keine Leiche gefunden wurde und die abgestürzte Maschine rasch sank, war keine sichere Identifizierung der ertrunkenen Pilotin möglich. Aber zwei Behälter, die an der Absturzstelle aufgefischt wurden, konnten als zu Amy Johnson gehörig identifiziert werden. Für Jackie Sorour, die an diesen trübseligen 5. Januar zurückdachte, war nur eines klar: „Ungerechterweise“, schrieb sie, „hatte an diesem Tag nur ich allein Glück am Himmel.“

Der Verlust einer so fähigen, bewährten und bekannten Pilotin wie Amy Johnson war im Winter 1940/41 ein besonders schwerer Schlag. Der Pilotenmangel wurde bedenklich. Als die Vereinigten Staaten sich dazu verpflichteten, Großbritannien im Rahmen des Leih- und Pachtgesetzes vom März 1941 Lockheed-Bomber des Typs Hudson zu überlassen, standen die Briten vor dem Problem, eine ausreichende Zahl von Piloten zu finden, die über den Atlantik fliegen konnten.

Im gleichen Monat unterhielt sich die amerikanische Rekordfliegerin Jacqueline Cochran, deren aufsehenerregende Karriere durch den Krieg vorerst unterbrochen worden war, bei einem Mittagessen in Washington mit Hap Arnold. Das Gespräch kam auf das Problem der Hudson-Bomber, die von Zivilpiloten überführt wurden, weil dafür keine Militärpiloten abgestellt werden konnten. Jackie Cochran erkannte ihre Chance. Sie hatte bisher erfolglos die Gründung einer Organisation von amerikanischen Pilotinnen propagiert, die als Nichtkombattanten fliegen sollten, falls Amerika in den Krieg eintrat. Jetzt schlug sie vor, sie könne einen Bomber nach England überführen, und brachte General Arnold dazu, ihr Vorhaben zu unterstützen. Dieser Flug einer so berühmten Pilotin würde den Skeptikern in der militärischen Führung Amerikas demonstrieren, daß Fliegerinnen auch im Krieg eine Aufgabe zu erfüllen hatten.

Aber die zuständigen britischen Stellen waren alles andere als begeistert. Sie bezweifelten, daß eine Frau – selbst eine ausgezeichnete Pilotin wie Jackie Cochran – einen Bomber über den Atlantik fliegen könne.

Jacqueline Cochran setzte sich direkt mit ihrem alten Freund Lord Beaverbrook, dem britischen Minister für Flugzeugherstellung und Materialbeschaffung, in Verbindung. Dank seines Einflusses wurde sie zu einem Probeflug nach Montreal, dem Ausgangsflughafen für die Lockheed-Flüge nach England, eingeladen. Dort absolvierte sie in drei Tagen 60 Starts und Landungen und erhielt die Freigabe für Transatlantikflüge. Als ihr Auftrag bekanntgegeben wurde, drohten die Überführungspiloten prompt mit einem Streik, da ihre Befähigung angezweifelt werde, wenn eine Frau für Männerarbeit eingeteilt werde. Schließlich wurde ein Kompromiß ausgehandelt: Jackie Cochran flog den Bomber am 17. Juni 1941 über den Atlantik, aber sie mußte das Steuer bei Start und Landung ihrem Kopiloten, Hauptmann Grafton Carlisle, überlassen.

Nach dem glatten Flug blieb Jackie Cochran nicht lange in England. Sie suchte Pauline Gower auf und ließ sich von ihr über die Tätigkeit der englischen Pilotinnen unterrichten. Dann kehrte sie in die Vereinigten Staaten zurück, um zu versuchen, eine ähnliche Organisation aufzubauen.

Sie wußte, daß es ein großes, noch nicht angezapftes Reservoir von Pilotinnen gab – darunter Studentinnen, die an dem von der Bundesregierung geförderten Ausbildungsprogramm für Zivilpiloten an bestimmten Universitäten und Fliegerschulen teilnahmen. Als sie fast 3000 Pilotinnen anschrieb, um zu fragen, ob sie bereit seien, in einem Fliegerinnenkorps Dienst zu tun, reagierten viele begeistert. Charakteristisch war die Antwort

Drei amerikanische Pilotinnen (links), neue Rekrutinnen der britischen Air Transport Auxiliary, gehen 1942 mit weiteren ATA-Angehörigen über ein Rollfeld. Neben Commander Pauline Gower (vierte von links) die amerikanische Pilotin Jacqueline Cochran, die weitere Amerikanerinnen für diese Einheit anwarb.

Nancy Love gibt sich entspannt vor einem Schulflugzeug des Typs PT-19 an dem Tag, an dem sie die ersten Bewerberinnen für die Women's Auxiliary Ferrying Squadron (WAFS) testete – eine Überführungsorganisation von Pilotinnen, die sie 1942 für die amerikanischen Heeresluftstreitkräfte aufbaute.

der Collegestudentin Lydia Lindner aus Brooklyn: „Ich stehe überall und jederzeit zur Verfügung."

Aber Jackie Cochrans Vorschlag, eine Organisation von Pilotinnen für Überführungsflüge aufzubauen, wurde abgelehnt. General Arnold war der Ansicht, im Ernstfall könnten Frauen am besten als Kopilotinnen von Verkehrsmaschinen eingesetzt werden, wodurch Piloten für den Militärdienst frei würden. Da die Vereinigten Staaten damals noch nicht in den Krieg eingetreten waren, machte er Jackie Cochran im August 1941 den Vorschlag, sie solle eine Gruppe von Amerikanerinnen für den Dienst in der englischen ATA anwerben.

Sie stürzte sich auf diese Idee. Um das Reservoir amerikanischer Pilotinnen nicht zu sehr auszuschöpfen, falls sie später einmal gebraucht würden, beschränkte sie das ATA-Kontingent auf 40 Kandidatinnen, die sie aus ihren Unterlagen heraussuchte. Eine von ihnen war die 21jährige Ann Wood aus Brunswick, Maine, die sich später erinnerte: „Ich bekam das längste Telegramm, das ich je gesehen hatte – über einen halben Meter lang –, von Jackie Cochran, die alle für den Einsatz in England notwendigen Qualifikationen aufzählte." Nach einem Einstellungsgespräch in New York flog sie mit weiteren Kandidatinnen nach Montreal, wo sie von einer ATA-Pilotin unter die Lupe genommen wurden. Dort wurde die Gruppe auf 25 Pilotinnen verkleinert, die dann nach England entsandt wurden.

Unabhängig von ihrer bisherigen Flugerfahrung mußten alle Pilotinnen sich der dreimonatigen ATA-Ausbildung auf dem Flugplatz Luton, 50 Kilometer nördlich von London, unterziehen. Die erfahrenen amerikanischen Fliegerinnen beschwerten sich natürlich über die ihrer Meinung nach zu lange Ausbildungsperiode – aber sie sprangen nicht ab. Jackie Cochran selbst wurde von einigen Amerikanerinnen kritisiert, weil sie sich zum Staffelkapitän ehrenhalber ernennen ließ, obwohl sie zwangsläufig mehr am Schreibtisch als im Flugzeug saß. Diese energische und auffällige Persönlichkeit blieb vielen noch lange im Gedächtnis, weil sie auf dem Flugplatz in einem Rolls-Royce mit Chauffeur und in ihrem „zweitbesten Nerz" aufkreuzte – eine Zurschaustellung von Reichtümern, die englische Piloten zu einem Zeitpunkt verärgern mußte, an dem bei ihnen Benzin und Textilien streng rationiert waren.

Trotzdem gestanden selbst ihre Kritiker ein, daß sie eine Gruppe erstklassiger Pilotinnen aufgestellt hatte. Die meisten von ihnen leisteten ihre 18monatige Dienstzeit ab; einige blieben sogar bis Kriegsende. Mehrere Amerikanerinnen wurden verwundet, und eine – Mary Nicholson – fand den Tod, als ihr einmotoriges Schulflugzeug den Propeller verlor.

Jackie Cochran kehrte im Herbst 1942 mit der Gewißheit nach Hause zurück, daß die Vereinigten Staaten jetzt ihre Pilotinnen mobilisieren müßten. Nach ihrer Ankunft in New York schlug sie eine Zeitung auf und las zu ihrer Verblüffung, daß die ersten Schritte zu dieser Mobilisierung bereits getan worden waren. Unter der Aufsicht des Lufttransportkommandos der Heeresluftwaffe wurde eine Überführungsabteilung von Pilotinnen, die Women's Auxiliary Ferrying Squadron (WAFS), aufgestellt. An ihrer Spitze sollte die Amerikanerin Nancy Harkness Love stehen.

„Nancy Love war selbst eine ganz ausgezeichnete Pilotin", gab Jacqueline Cochran respektvoll zu, „obwohl ich zu wissen glaubte, daß sie nichts von dem Plan hielt, eine zahlenmäßig starke Gruppe von speziell für verschiedene Einsätze ausgebildeten Pilotinnen aufzustellen, die militärischer Disziplin unterliegen würden."

Sie hatte in beiden Punkten recht. Nancy Harkness Love, die mit Major Robert Love, dem stellvertretenden Stabschef der Überführungsabteilung des Lufttransportkommandos, verheiratet war, konnte als 27jährige auf zwölf Jahre Flugerfahrung zurückblicken. Sie war die Tochter eines Arztes aus Philadelphia, hatte die Milton Academy in Massachusetts besucht und in den Ferien fliegen gelernt. Mit 16 Jahren hatte sie bereits den Privatpilotenschein in der Tasche. Zwei Jahre später, als sie am Vassar College studierte, machte sie die Scheine für Berufs- und Verkehrspiloten. Das Ehepaar Love betrieb ein Luftfahrtunternehmen in Boston, für das Nancy als Pilotin flog. Außerdem hatte sie reiche Erfahrungen als Testpilotin für das amerikanische Bundesamt für den Luftverkehr. Zum Zeitpunkt ihrer Ernennung als WAFS-Direktorin hatte sie über 1200 Flugstunden angesammelt.

Vom Temperament her unterschied Nancy Love sich sehr von der extrovertierten Jackie Cochran. „Es ist dumm, die Fliegerei als tollkühn zu bezeichnen", stellte sie einmal fest. „Ich will nicht zum Südpol fliegen. Ich will nur einen Auftrag in der Luft erfüllen. Und dazu brauche ich weder Reithosen noch verrückte Fliegerbrillen zu tragen." Sie war nicht nur weniger aggressiv als Jackie Cochran, sondern vertrat auch eine bescheidenere Auffassung von der Rolle, die Pilotinnen in diesem Krieg spielen sollten. Nancy Love hatte schon im Mai 1940 vorgeschlagen, eine Gruppe hochqualifizierter Pilotinnen anzuwerben, um die damals im Aufbau befindliche, nur aus Männern bestehende Überführungsabteilung zu ergänzen. Während Jackie Cochran ein selbständiges Militärprogramm für Frauen unter Führung einer Frau – nämlich Jacqueline Cochran – gefordert hatte, ging es Nancy Love nur um die Integration von Frauen ins Lufttransportkommando, wobei sie den Befehl anderen überlassen wollte. Da sie Verwaltungstätigkeit langweilig fand, war sie am glücklichsten, wenn sie ihr Büro verlassen und in ein Flugzeugcockpit klettern konnte.

Nancy Loves Vorschlag war im Jahre 1940 zurückgewiesen worden, aber er wirkte einleuchtender, nachdem Amerika Ende 1941 in den Zweiten Weltkrieg eingetreten war. Unterdessen forderten Pilotinnen aus allen Teilen des Landes Gelegenheit, sich zu bewähren. In der *New York Herald Times* erschien ein aufsehenerregender Leserbrief einer Ehefrau aus dem New Yorker Stadtteil Queens. „Kann denn eine junge Frau von 23 Jahren, falls unser Land in den Krieg eintritt, nichts anderes tun, als zu Hause zu hocken und zu nähen und vor Sorgen grau zu werden?" fragte sie. „Ich habe bei einem As aus dem Ersten Weltkrieg fliegen gelernt und weiß gar nicht mehr, wie viele Fallschirmabsprünge ich schon gemacht habe." Sie fügte hinzu: „Wenn ich nur ein Mann wäre, gäbe es einen Platz für mich."

Nancy Loves WAFS konnte nur einer Handvoll aus den Tausenden von diensteifrigen amerikanischen Pilotinnen einen Platz verschaffen. In ganz Amerika gab es weniger als 100 Frauen im richtigen Alter, die die anspruchsvolle Einstellungsvoraussetzung des Programms erfüllten und 500 Flugstunden nachweisen konnten. Im Herbst 1942 wurden 23 dieser Frauen, die im Durchschnitt die eindrucksvolle Zahl von 1100 Stunden Flugerfahrung vorweisen konnten, auf dem Heeres-Luftstützpunkt New Castle in Wilmington, Delaware, einer letzten Überprüfung unterzogen.

Obwohl diese Pilotinnen Militärflugzeuge fliegen sollten, erhielten sie zivile Arbeitverträge. Ursprünglich war angenommen worden, sie würden nach einer 90tägigen Probezeit wie ihre männlichen Kollegen in die Heeresluftwaffe übernommen werden und die übliche Fliegerzulage erhalten. Aber der Kongreß hatte keine Vorkehrungen für die Auszahlung

Luftfahrtgeschichte an einer Hangarwand

Aline Rhonie, eine Angehörige der amerikanischen Women's Auxiliary Ferrying Squadron sowie der britischen Air Transport Auxiliary, war nicht nur eine erfahrene Pilotin, sondern auch eine unermüdliche Malerin, die vor dem Zweiten Weltkrieg das größte Luftfahrtgemälde fertigstellte, das in den Vereinigten Staaten existiert.

Ihr gigantisches Wandgemälde – von dem hier nur ein Ausschnitt abgebildet ist – bedeckte eine fast 37 Meter lange Innenwand einer Flugzeughalle auf dem alten Roosevelt-Flugplatz auf Long Island. In dem Bestreben, die beiden ersten Jahrzehnte der Fliegerei zusammenzufassen – „eine erregende Periode der Luftfahrtgeschichte", wie die Künstlerin sagte –, malte sie 268 der ersten Flugzeuge sowie etwa 700 Personen, die zwischen 1908 und 1927 geflogen waren – von den Brüdern Wright bis zu Charles A. Lindbergh. Darunter befanden sich praktisch alle amerikanischen Pilotinnen dieser Pionierzeit der Luftfahrt.

Aline Rhonie arbeitete von 1935 bis 1938 an diesem Wandgemälde, das in einer Freskotechnik entstand, die sie 1934 von dem berühmten Wandmaler Diego Rivera, zu dem sie nach Mexico City geflogen war, gelernt hatte. Im Winter war es in der Halle so kalt, daß sie beim Malen ihre pelzgefütterte Fliegerkombination aus der Zeit der offenen Führersitze tragen mußte.

Bevor die Flugzeughalle mit dem Fresko in den sechziger Jahren abgerissen wurde, um Platz für ein riesiges Einkaufszentrum auf dem ehemaligen Roosevelt-Flugplatz zu machen, nahm ein Restaurator das Wandgemälde sorgfältig ab, damit es für die Nachwelt erhalten blieb.

Die Malerin und Pilotin Aline Rhonie (rechts) schaut vom Gerüst herunter, das sie für ihr 3,50 Meter hohes Wandgemälde mit Szenen aus der Frühzeit der Luftfahrt benötigte. Der Ausschnitt unten zeigt ein lächelndes Porträt von Harriet Quimby (vordere Reihe, sechste von links) und neben ihr der Fliegerinnen Matilde Moisant und Blanche Scott.

der Fliegerzulage an Frauen getroffen. Damit das Programm trotzdem anlaufen konnte, beschäftigte die Heeresluftwaffe die WAFS-Pilotinnen als Angestellte des Öffentlichen Dienstes, bis eine Gesetzesänderung ihre Übernahme in ein militärisches Dienstverhältnis gestatten würde.

Jackie Cochran protestierte inzwischen heftig gegen die Tatsache, daß Nancy Loves Programm verwirklicht werden sollte, während ihre eigenen Vorschläge buchstäblich ignoriert worden waren. Sie setzte sich damit durch: Washington entschied, daß es zwei Programme geben solle. Nancy Loves Eliteeinheit WAFS sollte Überführungsflüge für das Lufttransportkommando durchführen, während Jackie Cochran gleichzeitig eine Fliegerausbildungsabteilung aufstellen sollte, um Jungpilotinnen für den Dienst in der WAFS zu schulen.

Zu den ursprünglichen WAFS-Pilotinnen gehörten mehrere bekannte Fliegerinnen. Betty Gillies, die sich als erste Frau qualifizierte, war ein Gründungsmitglied der „Neunundneunziger", hatte bei der Flugzeugfirma Grumman Aircraft gearbeitet und konnte etwa 1400 Flugstunden verzeichnen. Evelyn Sharp aus Nebraska war eine ehemalige Kunstfliegerin mit fast 3000 Flugstunden. Gertrude Meserve aus Boston hatte Hunderte von Harvard- und MTI-Studenten fliegen gelehrt, während Teresa James aus Pittsburg Kunstfluglehrerin war. Cornelia Fort aus Nashville, Tennes-

Eine Angehörige der Ausbildungsabteilung für Pilotinnen übt einen Alleinflug in einer PT-19, deren offener Führersitz sich gelegentlich als recht gefährlich erwies. So fiel eine Pilotin beim Trudeln aus ihrer Maschine, konnte sich aber noch mit dem Fallschirm retten.

see, war Fluglehrerin auf einem Zivilflugplatz bei Pearl Harbor gewesen, als die Japaner angegriffen hatten. Sie war am 7. Dezember 1941 mit einem Flugschüler in der Luft gewesen und hatte nach dem Steuerknüppel greifen und im Sturzflug abdrehen müssen, als eine japanische Maschine mit hämmernden Maschinengewehren auf sie zugerast kam.

Die WAFS begann mit Piper Cubs und PT-19, aber ihre Pilotinnen flogen schon bald alles, was die Heeresluftstreitkräfte überführt haben wollten. Im Januar 1943 trugen sie einheitliche graue Hosen und Fliegerjacken und teilten sich in vier Staffeln auf – eine blieb in New Castle, Delaware, während die anderen nach Dallas, Texas, nach Romulus, Michigan, und nach Long Beach, Kalifornien, verlegt wurden. Jackie Cochrans Ausbildungsabteilung fand vorläufig Unterschlupf auf dem Howard-Hughes-Flugplatz, dem städtischen Flughafen von Houston, Texas. Eine dort ansässige zivile Fliegerschule sollte die Ausbildung unter der Aufsicht der Armee und nach Dienstvorschrift durchführen.

Die ersten Lehrgangsteilnehmerinnen waren zwischen 21 und 35 Jahre alt (das Mindestalter wurde später auf 18 Jahre herabgesetzt) und konnten mindestens 200 Flugstunden nachweisen. Auch diese Anforderung wurde bei späteren Lehrgängen herabgesetzt, bis schließlich nur 35 Flugstunden genügten. Als das Programm bekannt wurde, wurde Jackie Cochran mit über 25 000 Bewerbungen – sogar aus dem Ausland – eingedeckt. Eine Kanadierin schrieb: „Da wir auf der gleichen Seite kämpfen, möchte ich Sie kniefällig bitten, ob es irgendeine Möglichkeit gibt, mich aufzunehmen. P. S. Ich bin körperlich in Form, habe einen akademischen Grad, kann *The Star Spangled Banner* singen, bin niemals ein Nazi-Spion gewesen und würde gern Amerikanerin werden, wenn das nur möglich wäre."

Die Teilnehmerinnen des ersten Lehrgangs mußten ihren ganzen Enthusiasmus aufbieten, denn sie wurden von offizieller Seite eher entmutigt. Sie mußten auf eigene Kosten zum Dienst anreisen, erhielten keine Uniform und mußten sich selbst eine Unterkunft in Privathäusern, Pensionen, Hotels und schäbigen Motels suchen. Das einzig Erfreuliche, so Marjorie Kumler, die zu dem ersten Lehrgang für 28 Pilotinnen gehörte, war die Tatsache, daß Jacqueline Cochran da war, um sie zu begrüßen, als sie sich im November 1942 im Hotel Rice in Houston zur Erfassung meldeten. Sie erinnerte sich daran, daß die berühmte Fliegerin eine silberne Anstecknadel in Propellerform mit einem großen rosettenförmigen Brillanten als Nabe getragen hatte. Als ihre Rekrutinnen sich um sie versammelt hatten, begrüßte Jackie Cochran sie mit einigen kurzen, aber eindrucksvollen Worten. „Wenn anfangs nicht gleich alles klappt", sagte sie, „denken Sie einfach daran, daß Sie die Ehre und die Auszeichnung genießen, die ersten Frauen zu sein, die von der Heeresluftwaffe ausgebildet werden. Sie werden äußerst dringend gebraucht."

Trotzdem wurden sie skeptisch empfangen. „Sie halten sich vielleicht für ziemlich schneidige Pilotinnen", erklärte ihnen Hauptmann Paul C. Garrett, der Kommandant des Ausbildungszentrums, als sie vor ihm standen. „Ich möchte Ihnen raten, das zu vergessen. Sie sind hier, um fliegen zu lernen, wie die Army fliegt." Für die Lehrgangsteilnehmerinnen bedeutete das einen Tag, der im Morgengrauen begann, wenn sie auf Militärlastwagen zum Howard-Hughes-Flugplatz hinausgefahren wurden. Neben der fliegerischen Ausbildung gab es auch theoretischen Unterricht, der von der Meteorologie und Navigation bis hin zur Motorenkunde alle nur denkbaren Sachgebiete umfaßte. Die Flugschülerinnen wurden mit einem Sammelsu-

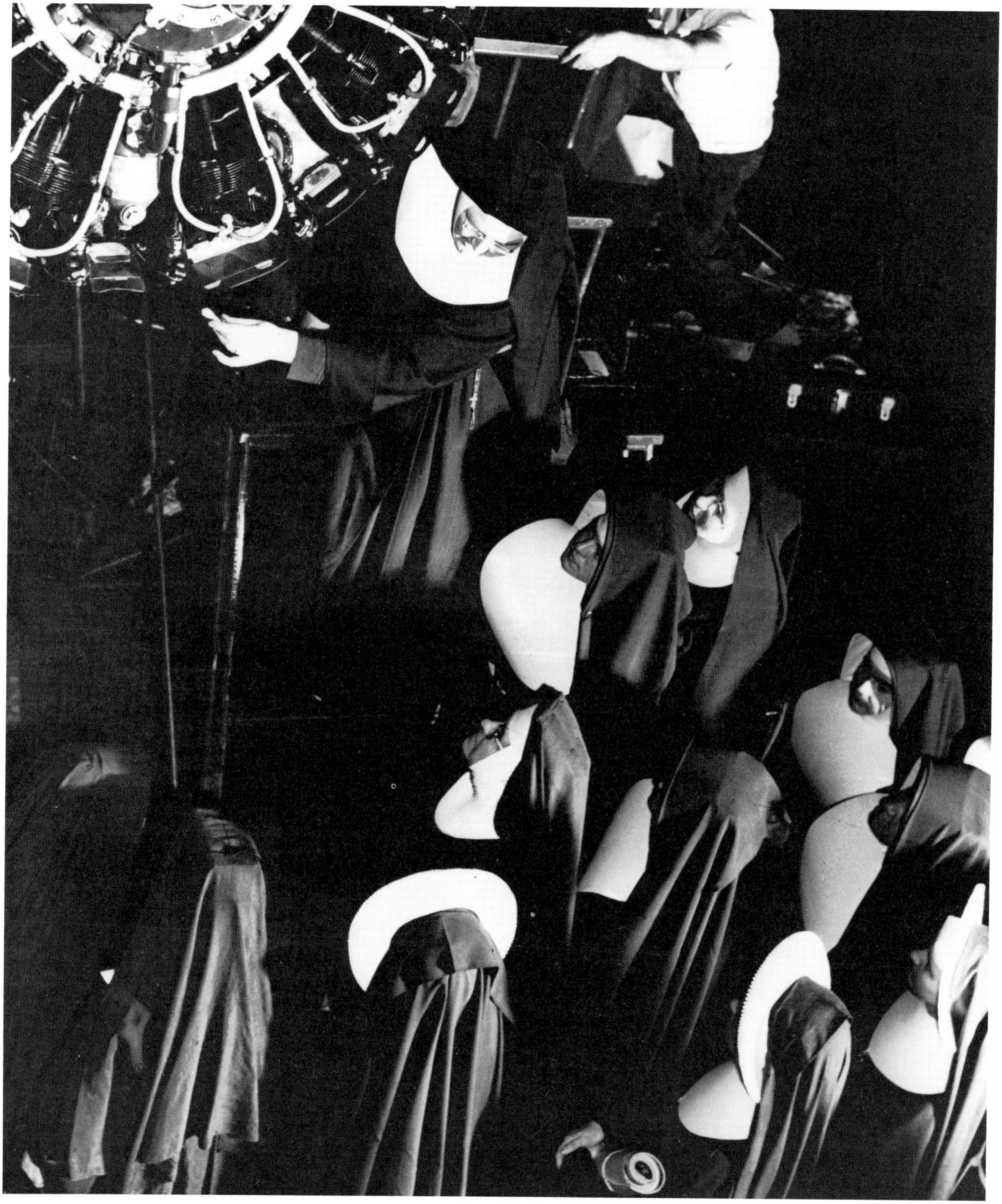

rium von uralten und schlechtausgerüsteten Zivilflugzeugen ausgebildet – in „Klapperkisten“, wie Jackie Cochran sie nannte. Da sie weder Uniformen noch Fliegerkombinationen erhalten hatten, kamen sie in Jeans oder umgeänderten Männerhosen zum Dienst. Am Spätnachmittag machten sie eine Stunde lang Freiübungen und bekamen ihr Abendessen, bevor sie wieder auf die Lastwagen kletterten, um 18 Kilometer weit nach Houston zurückzufahren. Niemals seien Klagen über die holperige Fahrt laut geworden, erinnerte sich Laurine Nielsen, die aus den Black Hills in South Dakota stammte: „Wir waren alle mit solcher Begeisterung bei der Sache, daß wir jeden Tag auf der Hin- und Rückfahrt sangen.“

Der Howard-Hughes-Flugplatz war nur wenige Kilometer vom Flugplatz Ellington, einem großen Ausbildungszentrum für Kampfflieger, entfernt. Das führte zwangsläufig dazu, daß der Luftraum über Houston mit schnellen Flugzeugen überfüllt war, die in unterschiedlichen Höhen manövrierten. Margaret Kerr aus Ada, Oklahoma, die seit über zwei Jahren flog, erlebte einige der schlimmsten Augenblicke ihrer Fliegerlaufbahn, während sie Nachtlandungen in Houston übte. „Wir kreisten an allen vier Ecken des Platzes übereinander“, erinnerte sie sich später, „und warteten darauf, daß wir an der Reihe waren, um unseren Landeanflug durchzuführen. Das Unangenehme dabei war nur, daß oft einige der Männer in unseren Flugablauf hineingerieten, was ungefähr das Scheußlichste ist, das man sich bei einem Nachtflug vorstellen kann.“

Im Mai 1943 wurde die Ausbildungsabteilung nach dem Flugplatz Avenger bei Sweetwater, Texas, verlegt. Sweetwater, ein Nest etwa 65 Kilometer westlich von Abilene in Westtexas, lag im kahlen Buschland, in dem außer Mesquitebäumen und Büffelgras nicht viel wuchs. Sandstürme waren häufig, und die Sommer mit Durchschnittstemperaturen um 35° Celsius konnten anstrengend sein. Während in Houston alles improvisiert gewesen war, herrschte in Sweetwater eine straffe militärische Disziplin. Die Frauen wohnten in Baracken – jeweils zu sechst in einem Raum. Sie standen bei Tagesanbruch auf, wenn zum Wecken geblasen wurde, und marschierten zum Frühstück, zu ihren Maschinen, zum theoretischen Unterricht und zur Gymnastik. Ihre Ausbildung basierte auf dem normalen Ausbildungsplan der Heeresluftwaffe für ihre Flugschüler. Gestrichen wurden lediglich die Schießausbildung, das Formationsfliegen und bestimmte Grundübungen, die als entbehrlich angesehen wurden, weil die Lehrgangsteilnehmerinnen bereits fliegen konnten. Ihr Sechzehnstundentag endete dann abends mit dem Zapfenstreich.

Diese militärisch-straffe Lehrgangsform war auf ausdrücklichen Wunsch Jackie Cochrans gewählt worden. Sie hatte betont, ihre Rekrutinnen könnten nur unter strikter militärischer Disziplin zu einer leistungsfähigen und zuverlässigen Einheit zusammengeschweißt werden. Und an Disziplin war kein Mangel auf dem Flugplatz Avenger, der unter dem Kommando eines Majors stand und von Heeressoldaten verwaltet wurde, obwohl die Fluglehrer weiterhin Zivilisten waren. Die Lehrgangsteilnehmerinnen erhielten eine Formalausbildung, marschierten bei Paraden mit, hielten Appelle ab, mußten Spindkontrollen über sich ergehen lassen und leisteten den gleichen Diensteid wie Militärflugschüler. Sie durften den Flugplatz nur mit einem Urlaubsschein verlassen und konnten für verschiedene Vergehen mit einem Verweis bestraft werden. Später trugen sie als Pilotinnen Handfeuerwaffen und flogen Maschinen mit geheimer Ausrüstung, zu der nur Militärpersonen Zugang hatten.

Schwester Mary Aquinas (oben), die in der Presse wegen ihrer Luftfahrtbegeisterung als „Fliegende Nonne“ bezeichnet wurde, erklärt 1943 auf dem Washington Nationalflughafen die komplizierte Arbeitsweise eines Flugzeugmotors. Die Schwestern unterrichteten danach an höheren Schulen im Rahmen eines Luftfahrtprogramms der Zivilen Luftfahrtbehörde.

Teilnehmerinnen eines Lehrgangs der Women Airforce Service Pilots (WASP) genießen eine Ruhepause während ihrer straffen Ausbildung auf dem Flugplatz Avenger in Sweetwater, Texas. In der Nähe ihrer Unterkünfte befinden sich ihre Schulflugzeuge (Hintergrund).

Dadurch entstand eine eigenartige Situation, weil die Pilotinnen in Wirklichkeit Zivilistinnen waren. Obwohl sie bald einheitlich Khakihosen, weiße Hemden und Khakifeldmützen zu tragen begannen, um als zusammengehörig erkenntlich zu sein, besaßen sie keine offizielle Uniform, bis Jackie Cochran sie im Frühjahr 1944 mit blauen Hosen, Kampfjacken und Baretten ausrüstete. Mit und ohne Uniform waren sie jedoch an die militärischen Dienstvorschriften und einen von Jackie Cochran selbst aufgestellten strengen Verhaltenskodex gebunden. „Man mußte wie eine Dame aussehen, wenn man aus dem Flugzeug kletterte", erinnerte sich Joan Olmsted, die nach dem Krieg Nachrichtenoffizier bei den amerikanischen Luftstreitkräften wurde. „Jacqueline Cochran hatte sehr strikte Vorstellungen davon, wie wir aussehen und wie wir uns benehmen sollten. Aber, Gott segne sie, es war eine nützliche Disziplin."

Nicht alle Frauen waren der gleichen Meinung. „Manche waren nicht sonderlich davon begeistert, in einer Micky-Maus-Armee rumzumarschieren", berichtete Peggy Werber. „Viele gingen wieder, weil ihnen das nicht paßte." Tatsächlich konnten die Lehrgangsteilnehmerinnen sich jederzeit abmelden. Dorothy Deane Ferguson wies mit Recht darauf hin: „Wir waren Freiwillige. Über uns stand niemand, der uns mit der Waffe bedroht und zum Bleiben gezwungen hätte." Ein Beweis für die Entschlossenheit dieser Frauen ist die Tatsache, daß die Ausfallquote bei den Flugschülerinnen mit 35 Prozent genau der bei Militärflugschülern entsprach – die sich nicht abmelden konnten, wenn sie gerade wollten.

Zu Beginn des Ausbildungsprogramms war Jackie Cochran zuversichtlich gewesen, daß die Pilotinnen später in den Militärdienst übernommen werden und damit die gleichen Anrechte auf Krankenversorgung,

Zwei belustigte WASP-Flugschülerinnen führen ihre sackartigen „Zoot Suits" vor, wie die schlechtsitzenden Fliegerkombinationen, die die Armee anfangs ausgab, bei ihnen hießen. Später erhielten alle Lehrgangsteilnehmerinnen die schnittige offizielle WASP-Uniform.

Versicherung, Pension und Sterbegeld wie alle Soldaten erwerben würden. Aber der mit anderen wichtigen Entscheidungen überlastete Kongreß kam erst am 21. Juni 1944 dazu, sich mit diesem Problem zu befassen. Ein an diesem Tag vorgelegtes Gesetz zur Übernahme der Pilotinnen in den Militärdienst wurde abgelehnt – hauptsächlich wegen der Bemühungen einer starken Lobby von zivilen Fluglehrern, die bei den Heeresluftstreitkräften unter Vertrag standen. Da der Sieg in Europa in Sicht und der Pilotenmangel behoben war, bauten die Heeresluftstreitkräfte ihr Ausbildungsprogramm ab, wodurch etwa 10 000 gutbezahlte Zivilfluglehrer arbeitslos wurden und zum Wehrdienst eingezogen werden konnten. Diese Männer wollten als Überführungspiloten eingesetzt werden, und befürchteten, daß den Pilotinnen bei etwaiger Übernahme in den Militärdienst auch automatisch die meisten Überführungsflüge zufallen würden. (Mehr als drei Jahrzehnte später, im Jahre 1977, beglich der Kongreß endlich die Schulden des Staates gegenüber den Pilotinnen des Zweiten Weltkrieges, indem er sie nachträglich in den Militärdienst übernahm und sie so pensionsberechtigt machte.)

Kurz nach der Übersiedlung nach Sweetwater gelang es Jackie Cochran, die Heeresluftstreitkräfte davon zu überzeugen, daß Ausbildung und Einsatz im Rahmen des Pilotinnenprogramms – das heißt ihre eigenen Flugschülerinnen und die WAFS-Pilotinnen – unter ihrem Befehl zusammengefaßt werden sollten. Deshalb wurden die in Sweetwater stationierten Lehrgangsteilnehmerinnen und Nancy Loves WAFS-Pilotinnen am 5. August 1943 zu einer gemeinsamen Organisation mit der Bezeichnung Women Airforce Service Pilots (WASP) vereinigt. Jackie Cochran wurde Direktorin der Organisation, während Nancy Love als WASP-Vertreterin im Stab der Überführungsabteilung des Lufttransportkommandos tätig war.

Unterdessen zogen viele Kommandeure die Pilotinnen von WASP den männlichen Überführungspiloten vor, weil die Frauen ihre Flugzeuge schneller auslieferten und dadurch verläßlicher waren. Das konnte unter anderem daran liegen, wie General Arnold vermutete, daß die Pilotinnen „kein Adreßbuch in der Tasche hatten". Wahrscheinlicher war jedoch, daß die neuen Überführungspilotinnen sich mit Begeisterung auf ihre Aufgabe stürzten und deshalb besonders viel leisteten.

Diese von einem wahren Feuereifer angetriebenen Pilotinnen wurden bald in allen nur vorstellbaren Sparten – außer zu Kampfeinsätzen und zu Überseeflügen – eingesetzt. Trotzdem entstand manchmal der Eindruck, daß die gegen sie gehegten Ressentiments um so größer würden, je mehr sie offiziell belobigt würden. Betty Gillies, die so winzig war, daß sie spezielle Holzklötze auf die Ruderpedale vieler der von ihr geflogenen Maschinen stecken mußte, konnte verstehen, wie es Piloten zumute sein mußte, wenn sie eine zierliche Frau aus einem Militärflugzeug klettern sahen. „Die frisch von der Schule kommenden Jagdflieger betonten oft, wie schwierig ihre Maschinen zu fliegen seien", erinnerte sie sich. „Sie ärgerten sich über die Frauen, die diese Flugzeuge flogen, und ich kann's ihnen nicht verübeln. Das war mir selbst ein bißchen peinlich."

Trotzdem übernahm Betty Gillies jeden schwierigen Auftrag, der ihr zugewiesen wurde – und die anderen Pilotinnen taten das gleiche. Zu den ersten Anordnungen Jackie Cochrans als WASP-Direktorin gehörte es, 50 ihrer Pilotinnen nach Camp Davis, North Carolina, in Marsch zu setzen, wo sie Ziele für die Ausbildung von Flakbedienungen schleppen sollten. Militärpiloten verabscheuten diese Tätigkeit und drückten sich davor, wenn sie nur konnten. Normalerweise überflog der Pilot die Dünen von Camp Davis in etwa 3000 Meter Höhe und zog dabei einen Luftsack aus leichtem Baumwollstoff an einem langen Seil hinter sich her, während die auszubildenden Flakbedienungen mit Kalibern bis zu neun Zentimetern auf das Schleppziel schossen. Als Neulinge neigten sie dazu, ihre Flakgeschütze zu langsam nachzuführen und hinter dem Ziel zurückzubleiben. Vergrößerten die Geschützbedienungen dann aber auf Drängen ihrer Offiziere den Vorhaltewinkel, lagen die Sprengpunkte oft näher bei dem Flugzeug als dem geschleppten Ziel, obwohl die Schleppleine mindestens 750 Meter lang war. Jede WASP-Pilotin, die diese gefährliche Strecke geflogen war, wußte, was es hieß, von gabelbildenden Salven eingedeckt zu werden und die Maschine trotz der durch Detonationen ausgelösten Turbulenzen mit aller Kraft auf geradem Kurs halten zu müssen. Manche von ihnen kamen mit Einschußlöchern im Leitwerk zum Flugplatz zurück.

Unerfahrene Geschützbedienungen waren nicht das einzige Problem. Die zur Verfügung stehenden Schleppflugzeuge waren alt, klapprig und pannenanfällig. Wegen der damals strengen Treibstoffrationierung hatte das Flugbenzin eine so niedrige Oktanzahl, daß die Pilotinnen nie wußten, ob ihre Motoren anspringen oder nach dem Anspringen weiterlaufen würden. Ihnen allen stand das Schicksal der WASP-Pilotin Mabel Rawlinson vor Augen, die sich eines Nachts mit einer A-24 auf einem Werkstattflug über Camp Davis befand, als die Maschine in der Luft in Brand geriet und in einen Sumpf in Platznähe stürzte. Leute, die zur Rettung herzueilten, aber nicht an das brennende Flugzeug herankamen, hörten die Pilotin schreien, bis sie bei lebendigem Leibe verbrannt war.

Der erfolgreiche Einsatz von Pilotinnen nicht nur bei Überführungsflügen, sondern auch auf anderen Gebieten bewog die Führung der Heeresluftstreitkräfte dazu, ihnen neue Aufgaben zuzuteilen. In Zukunft sollten sie bei Manövern Rauchschleier legen, Werkstattflüge durchführen, simulierte Gasangriffe fliegen und bei Tag- und Nachtflügen mithelfen, Radar- und Scheinwerferbedienungen auszubilden. Ein besonders beliebter Auftrag waren Tiefflug-Scheinangriffe als Übung für Flakbedienungen. „Wir scherten mit der Sonne im Rücken aus unserem Verband aus", berichtete Winifred Wood aus Miami, „und stürzten uns anschließend auf Geschützstellungen, Lastwagen, Feldküchen mit davor wartenden Soldaten oder andere sichtbare Ziele. Das waren offiziell genehmigte Tiefflüge, und wir waren ganz begeistert davon."

Trotzdem blieben Überführungsflüge die Hauptaufgabe der Pilotinnen. Eine Gruppe flog die P-39, die schwierig zu fliegenden Jagdflugzeuge der Firma Bell Aviation, vom Werk in Niagara Falls nach Great Falls, Montana. Dort wurden die Maschinen von Piloten übernommen, die sie nach Fairbanks, Alaska, überführten, wo sie den Russen im Rahmen des Leih- und Pachtabkommens übergeben wurden. Andere Pilotinnen flogen die Republic P-47 Thunderbolt vom Werk in Farmingdale, Long Island, nach Newark, New Jersey, von wo sie nach dem europäischen Kriegsschauplatz verschifft wurden. Betty Gillies gehörte zu den Pilotinnen, die es für „ein außergewöhnliches Vorrecht" hielten, „diese schönen Flugzeuge fliegen zu dürfen". In der Bomberschule in Birmingham, Alabama, machten die WASP-Pilotinnen Dora Dougherty und Dorothea Johnson einen Einweisungsflug mit der B-29 Superfortress und stellten fest, daß sie „so wunderbar ausbalanciert" war, daß sie es kaum fassen konnten. Und in der Erprobungsstelle Dayton, Ohio, raste die 21jährige WASP-Pilotin Ann

Baumgartner mit dem noch streng geheimen zweistrahligen Düsenjäger YP-59A von Bell Aircraft – dem ersten amerikanischen Düsenflugzeug – mit über 560 Stundenkilometern über den Wright-Flugplatz.

Manchmal überführte eine WASP-Pilotin an einem einzigen Tag bis zu zehn Flugzeuge. Es konnte jedoch auch vorkommen, daß eine Pilotin, die Pech hatte, überraschend zu einer Serie von Langstreckenflügen abkommandiert wurde, so daß sie tage- oder gar wochenlang unterwegs war. Teresa James startete einmal vom Luftstützpunkt in New Castle, Delaware, um bei der Firma Republic in Farmingdale eine P-47 abzuholen und zur Umbauwerft in Evansville, Indiana, zu bringen. Sie rechnete mit einer eintägigen Abwesenheit; statt dessen war sie vier hektische Wochen lang unterwegs, in denen sie kreuz und quer durch Amerika flog, weil ihr auf jedem Flugplatz eine neue Maschine übergeben wurde.

Da Überführungspiloten nach Sonnenuntergang nicht mehr fliegen durften, mußten die WASP-Pilotinnen ihre Maschinen auf personell unterbesetzten Flugplätzen nachts selbst bewachen. Auf Flügen mit modernen Baumustern waren sie mit Pistolen des Kalibers 45 bewaffnet,

Eine WASP-Maschine schleppt einen Luftsack, der bei der Schießausbildung zukünftiger Flakbedienungen durchlöchert worden ist. Das Schleppziel hing normalerweise sehr viel weiter hinter dem Flugzeug, als hier gezeigt wird; trotz zahlreicher Fehltreffer wurde niemals eine WASP-Besatzung abgeschossen.

um das Flugzeug und seine streng geheime Ausrüstung verteidigen zu können. Dies galt für den Fall, daß sie unter verdächtigen Umständen zur Landung gezwungen wurden und befürchten mußten, die Maschine könnte Spionen in die Hände fallen.

Die amerikanischen Pilotinnen von WASP konnten auf eine bemerkenswerte Leistungsbilanz zurückblicken: Sie überführten 12 650 Flugzeuge von 77 verschiedenen Typen. 50 Prozent aller Jagdflugzeuge – eine beachtliche Zahl –, die innerhalb der Vereinigten Staaten überführt wurden, wurden von ihnen geflogen und insgesamt 100 Millionen Kilometer bei diesen und anderen Einsätzen zurückgelegt. Von den 1830 Frauen, die zu WASP-Lehrgängen zugelassen wurden, schlossen 1074 sie mit Erfolg ab; 38 verunglückten tödlich in Ausübung ihres Dienstes. Keine wurde mehr betrauert als Evelyn Sharp, eine der erfahrensten Pilotinnen, die den Tod fand, als sie beim Absturz ihrer P-38 bei Harrisburg, Pennsylvanien, durchs Kabinendach geschleudert wurde. Da für sie als Zivilistin kein Sterbegeld ausgezahlt wurde, sammelten ihre Kameradinnen für ihr Begräbnis. Und obwohl ihr diese Ehre offiziell nicht zustand, bedeckten ihre Mitbürger in Ord, Nebraska, ihren Sarg mit einer amerikanischen Flagge.

Am 20. Dezember 1944, als die Pilotinnen den Höhepunkt ihrer Leistungsfähigkeit erreicht hatten, wurde das WASP-Programm eingestellt. Da die amerikanischen Verluste erheblich niedriger als erwartet waren, kehrten jetzt Piloten der Heeresluftstreitkräfte aus Übersee zurück und übernahmen Aufgaben, die bisher den WASPs übertragen worden waren. Obwohl General Arnold dafür eintrat, die Pilotinnen in irgendeiner Funktion im aktiven Dienst zu belassen, konnte er das nur verantworten, wenn sie militärischen Status erhielten. Als ein letzter Versuch, ein Einstellungsgesetz im Senat durchzubringen, scheiterte, mußte er die Beendigung des Programms bekanntgeben. Für die meisten Pilotinnen war das ein schwerer Schlag. Katherine Landry faßte ihre Empfindungen in einem lakonischen Telegramm an ihre Familie zusammen: KÖNNT IHR EIN GUTES HAUSMÄDCHEN MIT 800 FLUGSTUNDEN BRAUCHEN?

Nur in England hatten Amerikanerinnen zu diesem Zeitpunkt noch Gelegenheit, Militärflugzeuge zu fliegen. Im Herbst 1944 wurden die deutschen Heeresverbände an den Rhein zurückgedrängt, und die britische ATA begann damit, Ersatzmaschinen für die Royal Air Force direkt auf den Kontinent zu überführen. Im Januar 1945 flogen ihre Pilotinnen erstmals über den Ärmelkanal. Zu ihnen gehörten drei Amerikanerinnen – Peggy Lennox, Nancy Miller und Ann Wood –, die mit Jackie Cochrans ursprünglicher Gruppe nach England gekommen waren und weiter bei der ATA flogen, bis sie im November 1945 aufgelöst wurde.

Auf dem vom Krieg geschüttelten Kontinent flogen Frauen also weiter, bis die letzten erbitterten Schlachten verloren oder gewonnen waren. Obwohl es in Deutschland kein Gegenstück zur ATA oder den WASPs gab, waren viele Frauen als Erprobungsflieger tätig oder überführten Flugzeuge an die einzelnen Fronten. Vera von Bissing, Liesel Bach und Beate Uhse zeichneten sich aus, indem sie Stukas, Bomber, Jagdflugzeuge und später sogar einige der neuen Düsenjäger des Typs Me 262 in die Kampfgebiete zwischen Atlantik und Schwarzem Meer flogen. Melitta Schiller erhielt das Eiserne Kreuz und das Goldene Militärfliegerabzeichen mit Brillanten für die erstaunliche Zahl von 1500 zu Erprobungszwecken durchgeführten Sturzflügen mit deutschen Stukas.

Die berühmteste deutsche Pilotin während des Krieges war Hanna Reitsch, deren Leistungen auf militärischem Gebiet sogar ihre in den dreißiger Jahren erzielten Erfolge als Segelfliegerin und Testpilotin übertrafen. Bis auf Kampfeinsätze flog sie buchstäblich alle nur vorstellbaren Einsätze für die Luftwaffe: Sie erprobte neue Jäger und Bomber und führte Kurierflüge zwischen Front und Heimat durch. Aus Hitlers Hand erhielt sie das EK II (später auch das EK I) für die Erprobung eines Abweisers für Sperrballonseile über London. Bei einem der Versuche in Deutschland rasierte ein Seil den unteren Teil zweier Propellerblätter ihrer Dornier DO 17 ab; Hanna Reitsch brachte die Luftschraube in Segelstellung und landete mit nur einem Motor.

Bald übernahm sie einen noch schwierigeren Auftrag: die Erprobung des Raketenflugzeugs Me 163. Die bei Start und Landung schwierig zu beherrschende Me 163 startete mit einem Flammenschweif, konnte in 90 Sekunden 10 000 Meter Höhe erreichen und war fast 1000 Stundenkilometer schnell. „Unwirklich erschien es einem ... schon, in der am Boden gefesselten Maschine zu sitzen, wenn der teuflische, feuersprühende Lärm um einen losging“, berichtete Hanna Reitsch. „Ich fühlte mich wie einer Urgewalt ausgeliefert, die sich wie der Abgrund der Hölle aufzutun schien.

Acht Angehörige der Women Airforce Service Pilots unterziehen sich in der Höhenkammer auf dem Flugplatz Randolph, Texas, einem „Höhenflug", bei dem ihre Reaktionen in 10 000 Meter Höhe ohne Druckkabine getestet werden. Nach diesem Test konnten die WASPs auch für Überführungsflüge mit dem hochfliegenden Bomber B-17 ausgebildet werden.

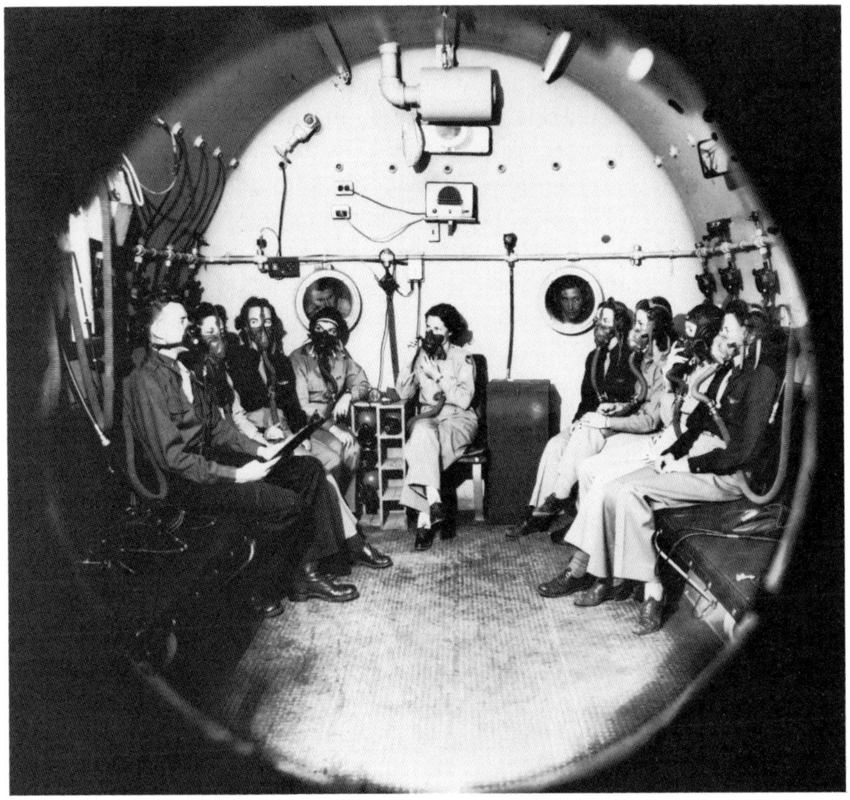

Unvorstellbar, daß ein Mensch sie beherrschen sollte." Bei ihrem fünften Flug löste sich das Abwerffahrgestell nicht, wie eigentlich vorgesehen war, so daß die Me 163 sich bei der Notlandung krachend überschlug. „Ich fühlte keinen Schmerz", erinnerte die Pilotin sich später. „Aber ich merkte plötzlich, daß ein Strom Blut an mir herunterfloß, und als ich der Spur nachging und mit meinen Fingern das Gesicht abtastete, war da, wo sonst die Nase saß, nur ein breiter offener Spalt ... Ich hielt den Kopf unbeweglich, holte aus einer Tasche Bleistift und Notizblock und skizzierte Ursache und Verlauf des Sturzes. Der Flug sollte nicht umsonst gewesen sein ... Dann umfing mich Dunkelheit."

Hanna Reitsch lag über fünf Monate im Krankenhaus und erholte sich langsam von ihren lebensgefährlichen Kopfverletzungen. Die Genesende, die noch immer unter Kopfschmerzen und Schwindelanfällen litt, kletterte zur Übung immer wieder auf ein Hausdach und einen Baum, um ihr Gleichgewichtsgefühl zurückzuerlangen. Zur Verblüffung ihrer besorgten Ärzte flog sie schon bald wieder.

Aus Sorge über die für Deutschland ungünstige Entwicklung des Krieges machte sie den Vorschlag, eine Kampfstaffel mit Pilotinnen aufzustellen. Dieser Plan wurde zwar abgelehnt, aber Hanna Reitsch wurde wenig später bei der Aufstellung einer Sondergruppe aktiv, die Selbstopfereinsätze gegen wichtige Produktionszentren in England und Schiffe einer alliierten Invasionsflotte fliegen sollte. Als Flugzeug dafür war die V 1 vorgesehen, deren bemannte Einsatzversion keine Kufe und keine Landeklappen besaß, da statt einer Landung ein Sturz aufs Ziel vorgesehen war. Das von Hitler zunächst genehmigte Projekt wurde jedoch aufgegeben, als die Alliierten im Juni 1944 in der Normandie landeten.

Hanna Reitschs gefährlichster Auftrag war ein Flug mit dem Generaloberst der Luftwaffe, Robert Ritter von Greim, der in den letzten Kriegstagen zu Hitler befohlen worden war, zur Reichskanzlei in Berlin. Bei der Einsatzbesprechung ließen die Offiziere des Führungsstabes Nord der Luftwaffe erkennen, daß sie diesen Flug für unmöglich hielten, denn Berlin war völlig von sowjetischen Truppen eingeschlossen. Nur der Flugplatz Gatow befand sich noch in deutscher Hand; er lag jedoch unter ständigem Artilleriebeschuß und konnte jederzeit von den Russen überrannt werden. Außerdem lagen zwischen Gatow und der Reichskanzlei im Herzen Berlins 20 Kilometer sowjetisch besetzten Gebiets.

Trotzdem wollten Hanna Reitsch und Greim den Flug wagen. Sie hatten vor, von Rechlin, etwa 100 Kilometer nordwestlich von Berlin, mit einem für die Mitnahme eines Passagiers umgebauten einsitzigen Jäger Focke-Wulf FW 190 nach Gatow zu fliegen. Ein Feldwebel der Luftwaffe, der die sowjetischen Flakstellungen um Berlin kannte, würde die Maschine nach Gatow fliegen, und Hanna Reitsch sollte Greim auf dem Weiterflug zur Reichskanzlei begleiten. Da der Feldwebel die Maschine flog und Greim auf dem Passagiersitz saß, mußte sie sich von Kameraden mit den Füßen voraus durch eine Luke im hinteren Teil des Rumpfes „einfädeln“ lassen.

Die praktisch nicht mehr existierende Luftwaffe kratzte irgendwie 30 oder 40 Jäger als Geleitschutz für die Focke-Wulf zusammen, die am 26.

Adolf Hitler und Hermann Göring sprechen der deutschen Fliegerheldin Hanna Reitsch 1941 ihre Anerkennung aus. Für die gefährliche Flugerprobung eines Geräts zum Kappen der Seile englischer Sperrballone wurde sie mit dem EK II, das sie in der Hand hält, ausgezeichnet.

April 1945 tatsächlich Gatow erreichte. Von dort aus wollten Hanna Reitsch und Greim mit einem Fieseler Storch nach Berlin hineinfliegen und am Brandenburger Tor landen. Greim entschloß sich im letzten Augenblick, die Maschine selbst zu fliegen, da die Pilotin „keine Fronterfahrung in Feindflügen hatte". Sie hoben von der mit Granattrichtern übersäten Startbahn ab und hielten sich über den Berliner Vororten dicht über den Bäumen, um feindlichen Jägern zu entgehen, die überall am Himmel auftauchten. „Aber dann brach es hervor", berichtete Hanna Reitsch, „vom Grund und aus den Schatten und aus den Kronen der Bäume, ein höllisches Feuer, das nur uns zu gelten schien. Ich hatte mich nicht getäuscht. Unter uns wimmelte es von russischen Panzern und Soldaten."

Greim wurde durch einen Schuß verwundet, und Hanna Reitsch ergriff das Steuer. Obwohl das Flugzeug von Panzersprenggeschossen durchsiebt wurde, gelang es ihr, den Storch dicht vor dem Brandenburger Tor zu landen. Von dort brachte sie ein Wagen zum Bunker der Reichskanzlei.

Sie blieben zwei Tage dort, in denen Hanna Reitsch beobachtete, daß Hitler nur mehr in einer Scheinwelt zu leben schien. Er ernannte Generaloberst Ritter von Greim als Nachfolger Görings, von dem er sich verraten glaubte, zum Oberbefehlshaber der Luftwaffe. Wie alle übrigen Bunkerinsassen erhielten die Neuankömmlinge Ampullen mit Gift, um jederzeit „die Freiheit der Entscheidung" zu haben. Bevor es dazu kam, erteilte Hitler Greim den Befehl, den Bunker zu verlassen und dafür zu sorgen, daß die sowjetischen Truppen mit allen zur Verfügung stehenden deutschen Maschinen bombardiert wurden. Hanna Reitsch und der zum Generalfeldmarschall beförderte Greim sollten mit einer auf der Ost-West-Achse gelandeten Arado Ar 96 aus der belagerten Hauptstadt ausfliegen.

In den ersten Stunden des 29. April 1945 verließen die beiden den Führerbunker und erreichten nach einer gespenstischen Fahrt durch Trümmerstraßen den Tiergarten. „Die feindlichen Scheinwerfer suchten mit langen Fingern unablässig die Achse ab", erinnerte Hanna Reitsch sich. „Trotzdem konnte die ‚Arado' ungesehen vom Boden abheben ... Der Feind hatte uns jetzt aufgespürt und schoß mit Leuchtspurmunition. Die ganze Luft schien erfüllt davon. In etwa siebzehnhundert Meter Höhe erreichten wir eine Wolkenschicht, die uns rettend aufnahm. Wir durchflogen sie, und über uns war der Himmel wieder mondhell und klar ... Morgens gegen drei Uhr landeten wir in Rechlin, von den Männern des Führungsstabes, der sich noch dort befand, schweigend empfangen." In der Nacht zum 1. Mai hörten sie im Radio die Nachricht von Hitlers Tod.

Selbst in der Schlußphase des Zweiten Weltkriegs schreckte Deutschland davor zurück, seine Pilotinnen für Kampfeinsätze zu verwenden. Im Gegensatz dazu flogen in der Sowjetunion Frauen fast von Kriegsausbruch an militärische Einsätze. Nachdem die Sowjetunion im Sommer 1941 während des deutschen Vorstoßes in die Ukraine katastrophale Verluste an Piloten und Flugzeugen erlitten hatte, beauftragte das sowjetische Oberkommando Marina Raskowa, eine der erfahrensten Pilotinnen der UdSSR, mit der Aufstellung von drei Regimentern aus Fliegerinnen. Die meisten der von ihr ausgewählten 200 Rekrutinnen waren zwischen 18 und 22 Jahre alt und kamen entweder aus der Verkehrsfliegerei oder den Luftsportvereinen, die in den dreißiger Jahren überall in der Sowjetunion wie Pilze aus dem Boden geschossen waren.

Ab Oktober 1941 stellte Major Raskowa mit diesen Frauen drei Regimenter auf: das 586. Jagdregiment, das die Jakowlew Jak 1 und

später die Jagdflugzeuge Jak 3 und Jak 9 flog; das 587. Bomberregiment, das die Kurzstreckenbomber Suchoj SU 2 erhielt; und das 588. Nachtbomberregiment, das Doppeldecker des Typs Polikarpow Po 2 flog. Letztere Einheit wurde unter neuer Bezeichnung als 46. Garde-Nachtbomberregiment berühmt *(S. 160–171)*. Außerdem gab es sowjetische Pilotinnen, die in überwiegend aus Männern bestehenden Einheiten Dienst taten. Die berühmteste dieser Pilotinnen war Lilja Litwjak, die ein weibliches Jagdflieger-As wurde, indem sie zwölf deutsche Maschinen abschoß, und in Stalingrad mit dem meist aus Männern bestehenden 73. Jagdregiment eingesetzt war. Leutnant Litwjak wurde 1943 über Charkow abgeschossen. Eine weitere Frau, Walentina Grisodubowa, befehligte die 300 Piloten und Mechaniker einer Langstrecken-Nachtbomberstaffel.

Aus Frauen bestehende Kampffliegereinheiten wurden in der Ukraine, im nördlichen Kaukasus, auf der Tamanhalbinsel, auf der Krim, in Stalingrad und später während des Vorstoßes nach Berlin eingesetzt und bombardierten deutsche Eisenbahnknotenpunkte, Nachschubtransporte und Munitionslager. In zweieinhalb Jahren kämpfte das 586. Jagdregiment in 125 verschiedenen Luftschlachten.

Deutsche Flieger waren immer wieder überrascht, wenn sie von Frauen in Luftkämpfe verwickelt wurden. Luftwaffenmajor D. B. Meyer erinnerte sich daran, bei Orel von einer Kette sowjetischer Jak 9 angegriffen worden zu sein. Das abgesprengte Kabinendach seiner Maschine zertrümmerte den Propeller einer Jak 9, die sofort abstürzte. Als Meyer landete und zu dem Flugzeugwrack ging, stellte er zu seiner Verblüffung fest, daß die russische Maschine von einer Frau ohne Dienstgradabzeichen, Papiere und Fallschirm geflogen worden war.

Bei anderer Gelegenheit, im Juni 1943, patrouillierte eine Messerschmitt-Staffel über deutschen Artilleriestellungen bei Krymskaja in den Ausläufern des Kaukasus. Plötzlich sahen die Piloten neun sowjetische Sturzkampfbomber mit einem Jagdgeschwader als Geleitschutz im Anflug. Als die Messerschmitts zum Angriff einkurvten, hörten die Deutschen zu ihrem Erstaunen Frauenstimmen im russischen Sprechfunk. Die Deutschen gerieten sofort in ein mörderisches Kreuzfeuer und verloren innerhalb weniger Sekunden vier Maschinen.

Beispiele äußerster Tapferkeit waren bei sowjetischen Pilotinnen beinahe die Regel. In einem Fall stießen zwei einzelne Jaks des 586. Jagdregiments auf 42 deutsche Bomber im Anflug auf den Eisenbahnknotenpunkt Kastornoje in Mittelrußland. Trotz dieser großen Unterlegenheit griffen die beiden Pilotinnen an und schossen vier Bomber ab, bevor ihre eigenen Maschinen kampfunfähig geschossen wurden.

Im Jahre 1943 fiel Marina Raskowa im Luftkampf. Als Symbol für die Verdienste der russischen Fliegerinnen ordnete die sowjetische Regierung das erste Staatsbegräbnis seit Kriegsausbruch an und ließ Major Raskowas Urne mit militärischen Ehren in der Kremlmauer beisetzen. Andere kriegführende Mächte verdankten ihren Pilotinnen Ähnliches. Nur die sowjetischen Frauen griffen aktiv in den Kampf ein. Aber alle Fliegerinnen bewiesen auf vielerlei Weise, daß sie in dem langen Kampf um die Gleichberechtigung in der Luft den Sieg verdient hatten. „Es steht fest, daß Frauen so gut fliegen können wie Männer", sagte General Arnold auf der Abschlußfeier des letzten WASP-Lehrgangs. Er fügte hinzu, falls erneut ein nationaler Notstand eintreten sollte, werde man „eine Pilotinnen-Organisation nicht wieder als bloßes Experiment betrachten".

Selbstbewußt sitzt Walentina Grisodubowa (Mitte), die im Zweiten Weltkrieg eine Staffel sowjetischer Langstreckenbomber führte, zwischen den Schülern und Lehrern einer Fliegerschule, die sie 1933 leitete. Später stellte sie eine Reihe von Weltrekorden auf und wurde Leiterin einer sowjetischen Fluggesellschaft.

Ruhm und Tod für Rußlands tapfere Frauen

Im Mai 1942 reagierte ein barscher sowjetischer Divisionskommandeur sichtlich entsetzt, als er hörte, daß ein ihm zugeteiltes neues Kampffliegerregiment aus 254 Frauen bestand, von denen die meisten noch keine 20 Jahre alt waren. Und dieses 588. Nachtbomberregiment sollte Nachtangriffe gegen die stark verteidigten feindlichen Stellungen nördlich der Krim fliegen!

Aber als die Pilotinnen des 588. Nachtbomberregiments ihre Einsätze flogen, bekam der Divisionskommandeur rasch eine bessere Meinung von ihnen. Sie trotzten dem russischen Winter in offenen Doppeldeckern des Typs Polikarpow Po 2, die nur vier Bomben trugen und kaum 100 Kilometer pro Stunde schafften, und flogen damit pro Nacht 15 bis 18 Angriffe durch mörderisches deutsches Abwehrfeuer. Mit Unterstützung ausgezeichneter Mechaniker und Bombenwarte – fast ausschließlich Frauen – flogen sie im Zweiten Weltkrieg 24 000 Einsätze und warfen 20 000 Tonnen Bomben ab.

In dem gnadenlosen Luftkrieg über Rußland konnten auch Frauen fallen, leiden oder sich heldenhaft bewähren. In einer Nacht schossen die Deutschen in einer Viertelstunde vier Po 2 ab, wobei acht Pilotinnen den Tod fanden. In einer anderen Nacht wurden zwei Fliegerinnen hinter den deutschen Linien abgeschossen und schlugen sich in einem Dreitagemarsch zu ihrer Einheit durch. Einmal retteten die Frauen des 588. Nachtbomberregiments eine eingeschlossene russische Garnison, indem sie die Eingeschlossenen trotz schwerem deutschen MG-Feuer 40 Tage lang aus der Luft versorgten, bis ihre Kameraden ausbrechen konnten.

Im Jahre 1943 erhielt das 588. Nachtbomberregiment den Elitestatus und zugleich eine neue Bezeichnung: 46. Garde-Nachtbomberregiment. Gegen Kriegsende trugen alle Frauen des Regiments mindestens einen Orden, und 23 von ihnen waren mit dem begehrten Titel „Held der Sowjetunion" ausgezeichnet worden. Als ihre Einheit aufgelöst wurde, kehrten sie in ihre Fabriken und Kolchosen zurück. „Alle Blumen der Welt, die wir euch zu Füßen legen können", rief eine Gruppe von Jagdfliegern ihnen bewundernd zu, „wären kein ausreichender Tribut für den Heldenmut, den ihr bewiesen habt."

Frauen des 46. Garde-Nachtbomberregiments tanzen 1943 zwischen Kampfeinsätzen unbekümmert einen russischen Volkstanz.

Regimentskommandeurin Jewdokija Berschanskaja erteilt zwei Pilotinnen letzte Instruktionen. Beide Frauen fielen innerhalb weniger Wochen.

Staffelführerin Serafima Amosowa, nach Aussage einer Kameradin „eine hervorragende Fliegerin, kaltblütig und kühl kalkulierend", reinigt sorgfältig ihre Pistole nach der Rückkehr von einem Bombenangriff. Sie wurde wegen ihrer Führerqualitäten und ihres fliegerischen Könnens befördert und zur stellvertretenden Regimentskommandeurin ernannt.

Pilotinnen machen einen Lastwagen wieder flott, als das Regiment nach vorne verlegt wird, um den zurückgehenden Deutschen zu folgen.

Bei bitterer Kälte machen Mechaniker (links) eine getarnte Po 2 startklar, während eine Bomberpilotin (rechts) auf ihren Einsatz wartet.

Katja Rjabowa (links), die 890 Einsätze geflogen hat, umarmt ihre Kameradin Nadja Popowa, während beide stolz ihre Orden vorzeigen. Sie hatten in einer einzigen Nacht 18 Bombenangriffe gegen deutsche Stellungen geflogen.

Katja Krasnokuzkaja steht lächelnd vor ihrem Sanitätsflugzeug, einer Po 2 (rechts) mit Gondeln für die Verwundeten auf den unteren Tragflächen.

Um möglichst unbemerkt zu bleiben, fliegen russische Po-2-Maschinen im Tiefflug ihren Angriff gegen deutsche Stellungen nahe der Krim.

Vor dem angetretenen Regiment zeichnet der Divisionskommandeur im Jahre 1943 eine Navigatorin mit dem Rot-Banner-Orden aus.

Danksagungen

Das Register dieses Bandes erstellte Gale Linck Partoyan. Die Herausgeber möchten außerdem Dora D. Strothers und Fay Gillis Wells danken.
Die Herausgeber dieses Buches sind folgenden Personen und Institutionen zu besonderem Dank verpflichtet: **In Australien:** Canberra – Australian War Memorial; Miami – Mrs. Harry Bonney; Sydney – Margaret Kentley; Nancy Bird Walton. **In der Bundesrepublik Deutschland:** Berlin (West) Heidi Klein, Roland Klemig, Bildarchiv Preußischer Kulturbesitz; Axel Schulz, Ullstein Bilderdienst; Bochum – Dieter Knippschild, Ruhr-Universität, Sektion für Publizistik und Kommunikation; Bonn – Paul Metzger, Stadtarchiv und Wissenschaftliche Stadtbibliothek; Eschwege – Vera von Bissing; Frankfurt – Hans Deutsch, Deutscher Aero-Klub; Holzheim – Klara Schiller; Koblenz – Meinhard Nilges, Bundesarchiv Koblenz; München – Elly Beinhorn; Rudolf Heinrich, Deutsches Museum; Georg Pasewaldt; Wilhelm Sachsenberg; Angelika Eckert, Mutz Trense, Vereinigung Deutscher Pilotinnen. **In der DDR:** Berlin (Ost) – Hans Becker, ADN-Zentralbild. **In Frankreich:** Paris – Elisabeth Boselli; André Bénard, Odile Benoist, Elisabeth Bonhomme, Alain Degardin, Gilbert Deloizy, Georges Delaleau, Général Paul Dompnier, stellvertretender Direktor, Yvan Kayser, Jean-Yves Lorant, Général Pierre Lissarague, Direktor, Stéphane Nicolaou, Pierre Wilefert, Kurator, Musée de l'Air; Edmond Petit, Kurator, Musée Air-France; Ste.-Adresse – Jacqueline Boucher. **In Großbritannien:** Chipping Sodbury – E. J. Viles, M. B. E., ATA Association; Hendon – R. W. Mack, P. Merton, Alison Uppard, Royal Air Force Museum; Horne – Mrs. D. Barnato Walker; London – T. C. Charman, J. S. Lucas, J. O. Simmonds, M. J. Willis, Imperial War Museum; Alison King; Marjorie Willis, BBC Hulton Picture Library; Sywell – H. M. Newton, Northamptonshire Aero Club; Twyford – Lettice Curtis. **In Hongkong:** Lawrence Chang; Linda Wu, Redakteurin, *Echo Magazine*. **In Italien:** Florenz – Prof. Leonetto Tintori, Palazzo Pitti; Mailand – Mario Grugnola; Rom – Contessa Maria Fede Caproni, Museo Aeronautico Caproni di Taliedo. **In Japan:** Tokio – The Japan Women's Association of Aeronautics. **In Spanien:** Teneriffa – Jean Batten. In der Türkei: Ankara – Sabiha Gökcen. **In der UdSSR:** Moskau – Photochronika TASS. **In den Vereinigten Staaten:** Washington, D.C. – Margaret Kerr Boylan; Jean Ross Howard; Jerry Kearns, Prints and Photographs Division, Library of Congress; Frank H. „Bud" Kelly; Philip Edwards, Von Hardesty, Mimi Scharf, Catherine Scott, Pete Suthard, National Air and Space Museum, Smithsonian Institution; Florida – Viola Gentry; Teresa James; Annette Gipson Way; Idaho – Gene Nora Jessen; Indiana – Keith Dowden, Assistant Director, Special Collections, Purdue University Libraries; Dorothy Niekamp; Kalifornien – Academy of Motion Pictures Arts and Sciences; Elgen Long Enterprises, Betty Huyler Gillies; Lockheed Corporation; Eva McHenry; Betty E. Mitson; Bruce Reynolds, San Diego Aero-Space Museum; Ruth Rueckert; Yvonne Smith; Neta Snook Southern; Bobbi Trout; John Underwood; University of California, Los Angeles, Research Library; Kansas – Frank Pedroja, Beech Aircraft Corporation; Maryland – Patricia Thaden Frost; James L. Webb; Massachusetts – Frank Lavine, Direktor, Medford Public Library; Robin McElheny, The Schlesinger Library, Radcliffe College; Muriel Earhart Morrissey; Bradford Washburn, Boston Science Museum; New York – Jeanna Alberga, Rockefeller Center Archives; Pamela Barker; Sue Bartczak; Margaret Werber Gilman; William K. Kaiser, Kurator, Cradle of Aviation Museum; Sally Van Wagenen Keil; Leonard Donato, Allan Priaulx, Redakteur, King Features Syndicate; Elizabeth B. Mason, Associate Director, Columbia University Oral History Research Office, Butler Library; Cole Palen, Direktor, Old Rhinebeck Aerodrome; Doris Reinniger, Manager, The Wings Club; Elinor Smith; Gordon Stone, Metropolitan Museum Costume Library; Ohio – Doris Scott, Präsidentin, International Women's Air and Space Museum, Inc.; Virginia Thomas; Oklahoma – Loretta Jean Gragg, Executive Director, Lu Hollander, The 99s Inc., International Women Pilots Organization; Oregon – Laurine Nielsen; Pennsylvania – Henry A. Liese; Texas – G. Edward Rice, Kurator, History of Aviation Collection, University of Texas at Dallas; Virginia – Dana Bell, USAF Still Photo Depository; Paul B. Bryce; Washington – Nancy Miller Livingston.
Besonders nützliche Informationsquellen waren *Amy Johnson* von Constance Babington-Smith, Collins, London, 1967; *Last Flight* von Amelia Earhart, Harcourt Brace and Company, 1937; *The Fun of It: Random Records of My Own Flying and of Women in Aviation* von Amelia Earhart, Brewer, Warren and Putnam, 1932; *Those Wonderful Women in Their Flying Machines; The Unknown Heroines of World War II* von Sally Van Wagenen Keil, Rawson, Wade Publishers, 1979.

Bibliographie

Bücher
Babington-Smith, Constance: *Amy Johnson*. Collins, London 1967
Bacon, Gertrude: *Memories of Land and Sky*. Methuen & Co., London 1928
Batten, Jean:
My Life. George G. Harrap & Co., London 1938
Alone in the Sky. Airlife Publishing Company, Shrewbury 1979
Beinhorn, Elly: *Alleinflug. Mein Leben*. Langen-Müller, München 1977
Boase, Wendy: *The Sky's the Limit*. Macmillan, 1979
Burke, John: *Winged Legend: The Story of Amelia Earhart*. G. P. Putnam's Sons, 1970
Cochran, Jacqueline:
Final Report on Women Pilot Program. Army Air Forces, o. J.
The Stars at Noon. Little, Brown, 1954
Craven, Wesley Frank, und Cate, James Lea: *The Army Air Forces in World War II*. University of Chicago Press, 1958
Curtis, Lettice: *The Forgotten Pilots: A Story of the Air Transport Auxiliary 1939–45*. G. T. Foulis & Co., Henley-on-Thames 1971
Danishevsky, I. (Hrsg.): *The Road of Battle and Glory*. Foreign Languages Publishing House, Moskau o. J.
Davis, Burke: *Amelia Earhart*. G. P. Putnam's Sons, 1972
Dwiggins, Don:
Hollywood Pilot. The Biography of Paul Mantz. Doubleday, 1967
They Flew the Bendix Race. Lippincott, 1965
Earhart, Amelia:
The Fun of It. Brewer, Warren & Putnam, 1932
Last Flight. Harcourt, Brace, 1937
20 HRS. 40 MIN. G. P. Putnam's Sons, 1928
Hamlen, Joseph R.: *Flight Fever*. Doubleday, 1971
Harris, Sherwood: *The First to Fly: Aviation's Pioneer Days*. Simon and Schuster, 1970
Hatfield, D. D.: *Los Angeles Aeronautics 1920–1929*. Northrop University Press, 1973
Jablonski, Edward:
Atlantic Fever. Macmillan, 1972
Ladybirds: Women in Aviation. Hawthorn Books, 1968
Johnson, Amy: *Sky Roads of the World*. W. & R. Chambers, London 1939
Keil, Sally Van Wagenen: *Those Wonderful Women in Their Flying Machines*. Rawson, Wade Publishers, 1979
King, Alison: *Golden Wings*. C. A. Pearson, London 1956
Lauwick, Hervé: *Heroines of the Sky*. Frederick Muller, London 1960
Markham, Beryl: *West with the Night*. Houghton Mifflin, 1942
Moggridge, Jackie: *Woman Pilot*. Michael Joseph, London 1957
Montague, Richard: *Oceans, Poles and Airmen*. Random House, 1971
Morrissey, Muriel Earhart: *Courage Is the Price*, McCormick-Armstrong Publishing Division, 1963
Nichols, Ruth: *Wings for Life*. Lippincott, 1957
Niekamp, Dorothy R.: *Women and Flight, 1910–1978: An Annotated Bibliography*. Manuskript, The Amelia Earhart Research Scholar Program, 1980
Oakes, Claudia M.: *United States Women in Aviation through World War I*. Smithsonian Institution Press, 1978
Planck, Charles E.: *Women with Wings*. Harper & Brothers, 1942
Putnam, George Palmer: *Soaring Wings: A Biography of Amelia Earhart*. Harcourt, Brace, 1939
Reitsch, Hanna: *Fliegen – mein Leben*. Deutsche Verlagsanstalt, Stuttgart 1951
Rolt, L. T. C.: *The Aeronauts: A History of Ballooning 1783–1903*. Walker and Company, 1966
Smith, Robert T.: *Staggerwing! Story of the Classic Beechcraft Biplane*. The Private Press of Robert Stephen Maney, 1967
Southern, Neta Snook: *I Taught Amelia to Fly*. Vantage Press, 1974
Strippel, Dick: *Amelia Earhart: The Myth and the Reality*. Exposition Press, 1972
Strother, Dora Dougherty: *The W.A.S.P. Program: A Historical Synopsis*. Air Force Museum Research Division, 1971

Thaden, Louise McPhetridge: *High, Wide and Frightened.* Stackpole Sons, 1938
Trout, Bobbi: *Just Plane Crazy.* Manuskript, o. J.
Underwood, John W.: *The Stinsons.* Heritage Press, 1969

Zeitschriften
„The All-Women's Meeting". *The Aeroplane,* 23. September 1931
„An American Girl the First to Fly the English Channel". *American-Examiner,* 1912
Beinhorn, Elly: „Marga von Etzdorf – allein nach Nordafrika und weiter." *Flieger-Kalender,* 1980
Blanch, L.: „Pilots in Nailpolish". *Pegasus,* Oktober 1943
Blizstein, Madelin: „How Women Flyers Fight Russia's Air War". *Aviation,* Juli 1944
Burtnett, Gerald B.: „America's First Flying Sportswoman". *The Sportsman Pilot,* Juni 1931
Clinton, Audrey: „Artist Hopes to Save Aviation Mural". *Newsday,* 29. August 1960
Delear, Frank J.: „What Killed Harriet Quimby?". *Yankee,* September 1979
Earhart, Amelia: „My Flight From Hawaii". *National Geographic,* Mai 1935
„The England–Australia Record". *The Aeroplane,* 14. Oktober 1936
Flight: 25. September 1931; 22. Oktober 1936; 28. Oktober 1937
Flying: Dezember 1916, Januar 1917, September 1942, Dezember 1942, August 1943, Januar 1944, Dezember 1944, März 1957
Fort, Cornelia: „At the Twilight's Last Gleaming". *Woman's Home Companion,* Juli 1943
Grahame-White, Claude, und Hensingmuller, Rudolph: „Will Woman Drive Man Out of the Sky?". *American-Examiner,* 1911
Johnson, Ann R.: „The WASP of World War II". *Aerospace Historian,* Sommer/Herbst 1970
Journal of American Aviation Historical Society: Winter 1964, Winter 1969, Herbst 1979
King, Anita: „Brave Bessie9 First Black Pilot". *Essence,* Mai, Juni 1976
Knight, Charlotte: „Our Women Pilots". *Air Force,* September 1943
Kumler, Marjorie: „They've Done it Again!". *Ladies Home Journal,* März 1944
Leslie's Weekly9 25. Mai 1911; 17. August 191; 24. August 1911; 16. Mai 1912; 6. Juni 1912; 18. Juli 1912
Marvingt, Marie: „Comment J'ai Conçu le Premier Avion Sanitaire?". *Revue de la Société Scientifique et Historique de Documentation Aérienne,* Januar/Februar 1940
„Miss Jean Batten's Great Achievement". *Speed,* November 1936
Mitroschenkow, W.: „They Were First". *Soviet Military Review,* März 1969
Newcomb, H.: „Cochran's Convent". *Airman, EI-3Mai 1977*
New York Times: 28. November 1909; 1. Juni 1930; 5. September 1930; 21. Juni 1932; 15. Januar 1933
Quimby, Harriet:
„American Bird Women". *Good Housekeeping Magazine,* September 1912
„How I Made My First Big Flight Abroad". *Fly Magazine,* Juni 1912
„Ruth Law and Her Remarkable Flight from Chicago to New York". *Scientific American,* 2. Dezember 1916
„San Antonio Aviatrix Captures Japan; Katherine Stinson Thrills Nipponese". *San Antonio Express,* 28. Januar 1917
Smith, Elinor: „This Business of Flying". *Liberty,* 9. August 1930
Smith, Helena Huntington: „Profiles: New Woman, Elinor Smith". *New Yorker,* 10. Mai 1930
Stinson, Marjorie: „Wings for War Birds". *Liberty,* 28. Dezember 1929
The Sywell Windstocking. Oktober 1931
Talbot, John F.: „The Career of Matilde Moisant". *Popular Aviation,* Februar 1929
Thaden, Louise: „The National Women's Air Derby". *Aviation Quarterly,* 1974
Weishimer, Helen: „The Women Who Mark the Air Lanes". *EveryWeek Magazine,* 17./18. Juli 1935
Sabawskaja, L.: „Women Fighter Pilots". *Soviet Military Review,* März 1977

Quellennachweis der Abbildungen

Die Quellenangaben der in diesem Buch enthaltenen Abbildungen sind der Reihe nach aufgeführt. Bei mehr als einer Abbildung auf einer Seite sind die Angaben von links nach rechts durch Semikolon, von oben nach unten durch Gedankenstrich getrennt. Vorsatzblatt und Einband: Gemälde von Paul Lengellé. 6, 7: Brown Brothers. 8: Smithsonian Institution Photo Nr. A 43515. 10: Henry Beville, m. frdl. Gen. National Air and Space Museum, Smithsonian Institution. 11: Culver Pictures. 12: Library of Congress. 14: Photo Bibliothèque Nationale, Paris. 16, 17: Musée de l'Air, Paris. 19: Museo Aeronautica Caproni di Taliedo, Rom – Süddeutscher Verlag, Bilderdienst, München. 20: Popperfoto, London – Carruthers Aviation Collection, Claremont Colleges; Fotochronika TASS, Moskau. 21: m. frdl. Gen. Bowen Byrant, Sydney; aus Hsin Yi-Yuns Album, Taiwan – Jae Nosoki, Tokio. 24: Elisabeth Hiatt Gregory Collection, UCLA. 25: Smithsonian Institution Photo Nr. 80-2022. 26, 27: Ullstein Bilderdienst, Berlin (West). 29: The Bettmann Archive. 30: Dmitri Kessel, m. frdl. Gen. Musée de l'Air, Paris. 32: Henry Beville, m. frdl. Gen. National Air and Space Museum, Smithsonian Institution. 34, 35: John W. Underwood Collection. 36: Library of Congress – John W. Underwood Collection. 37: Culver Pictures. 38, 39: John W. Underwood Collection; Culver Pictures. 40, 41: John W. Underwood Collection. 42: A. Y. Owen, m. frdl. Gen. The 99s Inc., International Women Pilots Organization, Oklahoma City. 45: Keystone Press, New York. 46: m. frdl. Gen. British Library, Newspaper Division. 47: American Heritage Center, University of Wyoming. 49: m. frdl. Gen. Purdue University Libraries – Schlesinger Library, Radcliffe College. 50, 51: Schlesinger Library, Radcliffe College, außer zweite von links, untere Reihe, Smith College Archives. 53: Central Press Photos, Ltd., London – The Bettmann Archive; Henry Groskinsky, m. frdl. Gen. Purdue University Libraries. 54: The Bettmann Archive. 56, 57: m. frdl. Gen. Bill und Pat Thaden. 58: A. Y. Owen, m. frdl. Gen. The 99s Inc., International Women Pilots Organization, Oklahoma City. 60: Library of Congress. 61: m. frdl. Gen. R. J. Reynolds Tobacco Company – Henry Beville, m. frdl. Gen. National Air and Space Museum, Smithsonian Institution. 62: A. Y. Owen, m. frdl. Gen. The 99s Inc., International Women Pilots Organization, Oklahoma City. 63: Wide World. 66, 67: Schlesinger Library, Radcliffe College. 68, 69: John W. Underwood Collection. 70, 71: John McDermott, m. frdl. Gen. Bobbi Trout (2); The Bettmann Archive (2). 72, 73: John Mc Dermott, m. frdl. Gen. Bobbi Trout; m. frdl. Gen. Harcourt Brace Jovanovich, Inc. 74: Aldo Durrazzi, m. frdl. Gen. Museo Aeronautico Caproni di Taliedo, Rom. 76: m. frdl. Gen. Naval and Military Club, London. 78, 79: Derek Bayes, m. frdl. Gen. The Society of British Aviation Artists. 82: BBC Hulton Picture Library, London. 83: Freelance Photographers Guild. 86–91: Royal Air Force Museum, Hendon. 92, 93: John W. Underwood Collection. 95: Süddeutscher Verlag, Bilderdienst, München. 96: Ullstein Bilderdienst, Berlin (West). 97: Süddeutscher Verlag, Bilderdienst, München. 99: ADN-Zentralbild, Berlin (Ost). 100, 101: Ullstein Bilderdienst, Berlin (West). 102, 103: m. frdl. Gen. Northamptonshire Aero Club; Central Press Photos Ltd., London (2). 104, 105: Central Press Photos Ltd., London. 106, 107: m. frdl. Gen. Northamptonshire Aero Club. 108, 109: Clyde H. Sunderland, m. frdl. Gen. Purdue University Libraries. 110: Department of Transportation, Federal Aviation Administration. 113: A. Y. Owen, m. frdl. Gen. The 99s Inc., International Women Pilots Organization, Oklahoma City, und *The Pittsburgh Post Gazette.* 115: m. frdl. Gen. National Portrait Gallery, Smithsonian Institution. 116, 117: Mark Sexton, m. frdl. Gen. Medford, Massachusetts, Public Library; A. Y. Owen, m. frdl. Gen. The 99s Inc., International Women Pilots Organization, Oklahoma City (2) – Henry Groskinsky, m. frdl. Gen. Purdue University Libraries (4). 120, 121: Zeichnung von John Amendola; m. frdl. Gen. Bill und Pat Thaden. 122, 123: Wide World. 124: Karte von Walter Roberts. 126: Henry Beville, m. frdl. Gen. National Air and Space Museum, Smithsonian Institution – m. frdl. Gen. Purdue University Libraries. 127: m. frdl. Gen. Purdue University Libraries. 129: Henry Beville, m. frdl. Gen. National Air and Space Museum, Smithsonian Institution. 130, 131: Zeichnung von John Batchelor. 132: Bradd Collection. 134, 135: Fox Photos Ltd., London. 137: Publifoto Notizie, Mailand. 138: Fox Photos Ltd., London. 139: m. frdl. Gen. Alison King, London. 142: Keystone Press, London. 143: Henry Beville, m. frdl. Gen. National Air and Space Museum, Smithsonian Institution. 144, 145: Smithsonian Institution Photo Nr. A-42046A – Cradle of Aviation Museum, Garden City, N. Y. 146: Peter Stackpole für *Life.* 148: National Archives Photo Nr. 208-PV-6a-1. 150, 151: U. S. Air Force Photos. 153: m. frdl. Gen. Dora D. Strother. 155: U. S. Air Force Photo. 156: Bildarchiv Preußischer Kulturbesitz, Berlin (West). 158–171: Jewgeni Chaldei, Moskau.

Register

Kursiv gedruckte Seitenzahlen verweisen auf eine Abbildung zu dem betreffenden Stichwort

A

A-24, amerikanisches Flugzeug, 152
Acosta, Aida de, 15
Aéro-Club de France, 15, *89*
Aero Club of America, 7, 33; Junior, *12*
Aeroplane, The (englische Zeitschrift), 135
Afrika, 30; Britisch-Ostafrika, 91, 93; Südafrika, 44, 81, 83, 139; Umfliegung, 94; Westafrika, 81, 87, 91, *Karte* 124, 125
Airspeed Oxford, englisches Schulflugzeug, 140
Air Transport Auxiliary (ATA), *134–135,* 136, *138, 139,* 140–141, *142,* 143, 144, 154
Akita (Lockheed Vega), 62, *63,* 64
Albemarle, englisches Flugzeug, 140
Alcock, Hauptmann John, 43
Amelia Earhart-Stiftung, 118
American-Examiner, 9
American Girl (Stinson Detroiter), 45, *47,* 55
Amosowa, Serafima, *164*
Amundsen, Kapitän Roald, 33
Anson, englisches Verbindungsflugzeug, *138*
Aquinas, Schwester Mary, *148*
Arado Ar 96, deutsches Schulflugzeug, 157
Ärmelkanal: H. Quimby und, 23, *24, 25, 26–27;* und Zweiter Weltkrieg, 154
Arnold, General Henry H. „Hap", 32, 141, 143, 154; zitiert, 135, 151, 159
Atatürk, Kemal, *137*
Atchison, Kansas, *49–51*
Atlantik, 123, *Karte* 124; A. Earharts Alleinflug über, 64, 65, *66–67;* Nordatlantik, 43–46, 48, 52, 54–55, 58–59, 62–65, 67, 81, *82, 92–93;* Südatlantik, 87–89, 91; Überquerungen in Ost-West- bzw. West-Ost-Richtung, 46, 93
Ausbildungsabteilung für Pilotinnen (U.S.A.), *146,* 147, 149–150, 151
Ausbildungsprogramm für Zivilpiloten, amerikanisches, 142
Australien, 75, 77, 78, 79, 83, 85, 94, 122; Brisbane, 84; Darwin, 80, 86–87, 122, *Karte* 124; Melbourne, 116; Pilotinnen in, *21,* 55, 136; Sydney, 90, *91*
Avenger, Flugplatz, Sweetwater, Texas, 148, 150, 151
Avro Avian, englisches Sportflugzeug, 44

B

B-17, amerikanischer Bomber, 135, 155
B-29 Superfortress, 152
Bach, Liesel, *95,* 154
Bacon, Gertrude, zitiert, 14
Bailey, Lady Mary, 44
Baker, Newton Diehl, zitiert, 33
Balchen, Bernt, 111; zitiert, 65
Ballonfahrerinnen, 9, *10, 11,* 13, 14–15
Bandung, Java, *Karte* 124, 125, *127*
Bangkok, Thailand, 80, *Karte* 124, 125
Barnato, Diana, 140
Barnes, Florence Lowe „Pancho", *54,* 55, 57, *61*
Bastié, Marie-Louise „Maryse", 63, 90–91
Batten, Jean, 84–85, *86, 87, 88, 89, 91;* Flug nach Neuseeland, 89–90, *91;* zitiert, 84, 85, 86, 87, 89
Baumgartner, Ann, 152
Beaverbrook, Lord, 142
Bedford, Herzogin von, *102–103*
Beech, Walter, 121
Beechcraft Model 17 (Staggerwing), *120–121,* 133
Beese, Melli, 13, *19,* 28; Eindecker von, *19,* 29
Beinhorn, Elly, 94, *95*
Bekleidung, *14,* 17–18, 23, *44, 62,* 88–89, 149–150; Schwimmanzüge, *46;* Uniformen, 149, 150, *151*
Belknap, Vizeadmiral Reginald K., zitiert, 46
Betanken: A. Earharts Zwischenlandungen zum, *Karte* 124, *127;* in der Luft, 69, *70–73*
Bell Aviation, Flugzeuge von: P-39, 152; YP-59A, 153
Bendix, Vincent, *121*
Bendix-Rennen, 114, 116, 118, 119, *120–121, 132,* 133
Berlin, 28, 94, 99, 156–157, 159
Berschanskaja, Kommandeurin Jewdokija, *162–163*
Bissing, Vera von, 154
Blanchard, Madeleine Sophie, 14
Blériot, Louis, 16, 23, *89*
Blériot-Flugzeuge, 23, *24,* 25, 28
Boll, Mabel „Mibs", 46
Bolland, Adrienne, 44, 94; zitiert, 44
Boucher, Hélène, 14; zitiert, 13
Brasilien, 81, 87, *88, 89;* Natal, 87, 89, 91, *Karte* 124, 125; Pilotinnen, 19, 20
Bromwell, Laura, 44
Brown, Leutnant Arthur Whitten, 43
Bruce, die Honourable Mrs. V., *103;* Flugzeug der, *106–107*
Bryant, Millicent, *21*
Burma, 80, 85–86; Rangun, *Karte* 124, 125
Byrd, Korvettenkapitän Richard E., 46, 61; zitiert, 59; *Himmelwärts,* 46

C

Caripito, Venezuela, *Karte* 124
Carlisle, Hauptmann Grafton, 142
Carlstrom, Victor, 13, 32
Caudron-Flugzeuge, 44, 90, 91
Chamberlain, Clarence, *63*
China: Peking, *34–35, 41;* Pilotinnen, 19, *21;* K. Stinson und, 31, *34–35, 40–41*
Chisholm, Judith, 90
Cipriani, Frank (Funker der *Itasca*), 127, 128–129
Cochran, Jacqueline „Jackie", 14, 114–116, *132,* 133; und A. Earhart, 114, 115, 116, 118, *132;* zitiert, 10, 115, 118, 132, 143–144, 147, 149; und Zweiter Weltkrieg, 133, 141, *142,*143–144, 146, 147, 149–150, 151, 154
Coleman, Bessie, 44; zitiert, 44
Coupe *Femina, 14,* 16
Crawford, Marjorie, *54*
Crosson, Marvel, *54,* 55, 57
Croydon, Flugplatz (England), 75, 77, *78–79,* 87
Curtiss, Glenn, 18
Curtiss-Flugzeuge: Carrier Pigeon (als „Amme"), 69, 72–73; mit Druckluftschrauben, 18, 22, 32

D

Dakar, Senegal, 87–88, 91, *Karte* 124, 125
Darwin. *Siehe* Australien
Dawn (Sikorsky-Amphibienflugzeug), 45–46
De-Havilland-Flugzeuge: Comet, 83; Dragon, *82;* Puss Moth, 81; Tiger Moth, 136. *Siehe auch* Gipsy Moth
Delaware, New Castle, Luftstützpunkt, 144, 147, 153
Detroit Free Press, The, 9
Deutsche Forschungsanstalt für Segelflug (DFS), 97–98
Deutschlandflug, *95*
Dornier Do 17, deutscher Bomber, 154
Dougherty, Dora, 152
Drogheda, Gräfin, *103*
Düsenflugzeuge: Bell YP-59A, 153; Me 262, 154
Dutrieu, Hélène, 17–18, 19, 33

E

Earhart, Amelia, 13, *42,* 46–48, 52, *54–59,* 62, 76, *83;* Alleinflug über den Atlantik, 64, 65, 67; Artikel von, 14, 64; und J. Cochran, 114, 115, 116, 118, 132; Familie von, 46, *49–51;* Flugausrüstung von, *116–117;* Flug Hawaii–Kalifornien, *Vorsatzblatt,* 111–*113,* 115; Flug Los Angeles–Mexico City–Newark, 113–114; und Frauenrechte, 55, 64, 109, 118; und Frauenwettfliegen (1929), *54,* 55–57, 64; und *Friendship*-Flug, 46, 48, 52, *53,* 54, 55, 59, 64; Konfettiparade in New York, *66–67;* transkontinentale Flüge von, 109, 111; Verschwinden von, 127–132; Versuche einer Weltumfliegung, *108–109,* 118–119, 122, *123, Karte* 124, *125, 126, 127, 128, 129, 130–131,* 132; in der Werbung, *60,* 61, 64–65; zitiert, 7, 10, 13, 46, 47, 48, 52, 54, 56, 64, 65, 67, 109, 112, 113, 116, 117, 118, 119, 122, 125, 126, 127, 128, 129, 132
Earhart, Edwin und Amy, 46, 48–49, *50–51*
Earhart, Muriel, 47, 49, *50–51;* zitiert, 46
Elder, Ruth, 45, *46, 47, 54,* 55
Etzdorf, Marga von, 94, *96;* Aufbahrung von, *97*

F

Fairweather, Margaret, 139
Fallschirmspringerin, 90
Farman-Flugzeug, *20*
Féderation Aéronautique Internationale (FAI), Pilotenlizenz von, *42*
Femina (französische Zeitschrift), *14,* 16
Ferguson, Dorothy Deane, zitiert, 150
Ferrario, Rosina, 19
Ferry Pilots' Notes, 140
Fieseler Storch, 157
Fliegerschulen: Grunau (Segelflug), 95–97; militärische, 43, *158;* zivile, *11, 20, 22,* 28–29, 31, 35, 43, 44, 45, 90–91, 98, 115. *Siehe auch* Flugausbildung
Flugausbildung, und Zweiter Weltkrieg, 138, 140, *142–143,* 144, *146–*147, *148,* 149–*150,* 151–152, 153, 158. *Siehe auch* Fliegerschulen
Flugtage und -veranstaltungen, *12,* 17, 18, 22, 23, 25, 32, 44, 48, 49, 59; All-Women's Flying Meeting, englisches, *102–107;* Rhön-Segelflug-Wettbewerb, 99, *100–101. Siehe auch* Flugvorführung; Frauenwettfliegen; Kunstflug; Preise; Rekorde
Flugvorführungen, 44; Curtiss und, 18, 25; Moisant und, 23, 28; K. Stinsons Orienttournee, *34–41*
Flying (amerikanische Zeitschrift), 9
Focke-Wulf FW 190, 156–157
Fokker-Flugzeuge. *Siehe Friendship; St. Raphael*
Forschungsflüge: Ballone und, 9, 14–15; Lockheed Electra 10E und, 118
Fort, Cornelia, 146
Französische Armee, Sanitätsflugzeuge und, *30*
Frauen-Hilfskorps der Luftstreitkräfte (Kanada), 135, 136
Frauenrechte: A. Earhart und, 55, 64, 109, 118; durch Militärdienst erworben, 146, 150–151, 153–154
Frauenwettfliegen, im Jahre 1929, 45, *54,* 55, *56–57,* 64
Friendship (Fokker-Flugzeug), 46, 48, 52, *53,* 54, 55, 59, 64

G

Garrett, Hauptmann Paul C., zitiert, 147
Gates, Eleanor, zitiert, 33
Gee Bee, Rennflugzeug, 116
Gentry, Viola, 10
Georgii, Walter, 97, 98
Gillies, Betty Huyler, *61,* 135, 146; zitiert, 151, 152
Gipsy Moth (De-Havilland-Flugzeug), 84–87, 90, *102–103.* Siehe auch *Jason*
Gökçen, Sabiha, *137*
Gordon, Louis „Slim", 48, 52, *53*
Göring, Reichsmarschall Hermann, *156,* 157
Gower, Commander Pauline, 136, *138, 142;* Flugzeug von, *104–105;* zitiert, 136, 139

Graham, Margaret, 14
Grahame-White, Claude, 18; zitiert, 9
Grayson, Frances Wilson, 45–46; zitiert, 45
Greim, Generaloberst Robert Ritter von, 156–157
Grey, C. G., zitiert, 135
Grisodubowa, Walentina, *158*, 159
Grunau, Schlesien, Segelfliegerschule in, 95–97
Grunau Baby, deutsches Segelschulflugzeug, 96–97
Guest, Amy, 48, *53;* zitiert, 46

H

Haldeman, George W., 45, *46*
Hamburg, 97
Hamel, Gustav, 23–24, *25*
Hardelot, Frankreich, 25, *26–27*
Harmon Trophy, 133
Harper, Harry, zitiert, 15, 16
Haslemere, H. M. S., 141
Hatfield, englischer Flugplatz, 136, *138*
Hawaii, 115, 123, 126; Honolulu, 111–113, 122, 123, *Karte* 124; japanischer Überfall auf, 147
Heath, Lady (Sophie Eliot-Lynn), zitiert, 44
Hewlett, Hilda, *20*, *29;* zitiert, 19
Hilsz, Marie-Louise „Maryse“, 90
Hinchliffe, Hauptmann W. G. R., 46
Hinkler, Bert, 75, 78, 80
Hirth, Wolf, 95, 96
Hitler, Adolf, 95, 99, 154, *156*, 157
Hooper, Mary, zitiert, 138
Howland Island, 122–123, *Karte* 124, 125–132
Hughes, Joan, *134–135*
Humphreys, C. S. „Jack“, 76, 81
Hjodo, Tadaschi, *21*

I

Imai, Komazu, 35
Imperial Airways (englische Fluggesellschaft), 78
Indien, 78, 80, 85; Kalkutta, *86*, *Karte* 124, 125; Karatschi, 78, 80, 83, 85, *Karte* 124, 125, *126*
Ingalls, Laura, 11
Instrumentenflug, 48, 65. *Siehe auch* Navigationsgeräte
Irland, 43, 52, 67
Italien: Pilotinnen, *19*, 136; Rom, 85
Itasca (Kutter der U.S. Küstenwache), 124, 127–129, 132; Funkkladde zitiert, 128

J

Jackson, Dale, 69
Jakowlew-Flugzeuge: Jak 1, 159; Jak 3, 159; Jak 9, 159
James, Teresa, 146, 153
Japan: Armee von, 36; Pilotinnen von, *21*, 35, 136; K. Stinson und, 31, 35, *36–39;* Tokio, 35, *36*, *38–39*, 81, 90, 94
Jason (De Havilland Gipsy Moth), 75, 77, *78–79*, 80–81
Johnson, Amy, 75, *76*, 77, *78–79*, 80–81, *82*, *83*, 84, 86–87; Atlantikflug, *82;* zitiert, 75–76, 77–78, 80, 84; und Zweiter Weltkrieg, 140, 141
Johnson, Dorothea, 152
Junkers Junior, deutsches Sportflugzeug, 94

K

Kalifornien, 31, *51*, 55, 84; Burbank, 113, 122, 133; Los Angeles, 47, *68–73*, 109, 111, 114, 116, 119, *121*, 133; Oakland, Vorsatzblatt, 63, *108–109*, 113, 115, 122, 123, *Karte* 124, 126; San Diego, 31, 115; San Francisco, 31, 84; Santa Monica, *51*, 55; Tehachapi-Paß, 31
Kanada: Montreal, 142, 143; Pilotinnen, 135, 136, 140, 147
Karatschi. *Siehe* Indien
Kerr, Margaret, zitiert, 149
Kingsford-Smith, Charles, 84
Kinner Airster (Doppeldecker), 49, *51*
Klemm, Leichtflugzeug, 94
Kongreß, amerikanischer, 111, 151. *Siehe auch* Leih- und Pachtgesetz; Versorgungsansprüche
Kumler, Marjorie, 147
Kunstflug, 10, 13, 18, 31–32, 44, 55, 94, 97, 111, 146. *Siehe auch* Flugveranstaltungen
Krasnokuzkaja, Katja, *169*

L

Labrosse, Jeanne, 14
Lae. *Siehe* Neuguinea
Laird Looper, amerikanisches Flugzeug, *36*, *37*
Langstreckenflüge, 43–44, 55, 75–101; WASPs und, 152–153. *Siehe auch* Atlantik; Earhart, Amelia; Preise; Rekorde
Laroche, Raymonde de, 11, 15–16, 19, 22; Absturz von, *16*, *17;* zitiert, 15, 16
Latham, Hubert, 16
Law, Rodman, 31
Law, Ruth, *6–7*, 13, 31–33, 44; Flugblatt von, *32;* zitiert, 7, 28, 31–32, 33
Leih- und Pachtgesetz (1941), 141, 152
Lengellé, Paul, Gouache von, *Vorsatzblatt*
Lennox, Peggy, 154
Leslie's Weekly, 22, 23, 24
Lesseps, Jacques de, 23
Lindbergh, Anne Morrow, 7; zitiert, 13
Lindbergh, Charles, A., 44–45, 54, 65, 144; zitiert, 7; *Wir zwei*, 46
Lindner, Lydia, zitiert, 143
Litwjak, Lilja, 159
Lockheed Flugzeuge: Electra, *108–109*, 118–119, *122*, *123*, 124–126, *127*, 128–129, *130–131*, 132; Hudson (Bomber), 141; P-38, 153; Vega, 62, *63*, 64, 65, 67, 111–113, *115*, 116
London, 23, 75, 116; Aeroplane Club, 76, 84–85; Daily Mail, 81; Daily Mirror, 23, 24; Evening Standard, 54; und Langstreckenflüge, 77, 78, 80, 81, 82, 83, 85, 87
Long Island, N. Y., 22; Flugplätze auf, 45, 57–58, 115, 132, *144–145*
Los Angeles. *Siehe* Kalifornien
Love, Nancy Harkness, *143*–144, 146, 151; zitiert, 144
Löwenstein-Wertheim, Fürstin Anne von, 43, 45; zitiert, 43
Luftwaffe, deutsche, 99, 135, 154, 155, *156*, 157, 159

M

MacGordon, Steve, 32
Mackay, die Honourable Elsie, 46
Mahnke, Oberst Alfred, *99*
Malaien-Halbinsel, 80; Singapur, 80, *Karte* 124, 125
Manning, Harry, *122*
Mantz, Paul, 111–113, 116, 119, 122, *123*, 124, 125; zitiert, 112–113
Markham, Beryl, 91, 93; Flugzeug von, *92–93;* zitiert, 93
Marvingt, Marie, *30;* zitiert, 30
Meserve, Gertrude, 146
Messerschmitt-Flugzeuge, 159; Me 163, 154; Me 262, 154
Mexiko: Golf von, 113, 114, 118; Mexico City, 23, 113, 144
Meyer, Major D. B., 159
Miami, 114, *Karte* 124, 125, 133
Mikulska, Sofia de, *74*
Miller, Jessie, 55
Miller, Nancy, 154
Moisant, Alfred, 22
Moisant, John, 22, 23, 28
Moisant, Matilde, *8*, 22–23; auf Wandgemälde von Rhonie, *144–145;* zitiert, 28
Mollison, Amy. *Siehe* Johnson, Amy
Mollison, Jim, 76, 81, *82*, *83*, 87, 89
Myers, Mary H. (Carlotta), *10*, *11*, 14

N

Nagaoka, General Gaischi, *36*
Natal. *Siehe* Brasilien
Nationale Luftrennen, 55, 58, 100. *Siehe auch* Frauenwettfliegen
Navigationsgeräte, 23, 25, 32, 48, 56, 65, 67, 87, 89; A. Earhart und, 111, 113, 119, *122*, 123–129, *130–131*
Neufundland, 43; Harbour Grace, 46, 62, 65, 67; Trepassey, 52
Neuguinea, 122, 123, *Karte* 124, 125, 126–127
Neunundneunziger (Pilotinnen-Vereinigung), 58, 146; *The 99er* (amerikanische Zeitschrift), *58*
Neuseeland, 84, 91; Auckland, 87, 89–90; Pilotinnen, 140. *Siehe auch* Batten, Jean
New York, *66–67*, 100, 119, 133; Frankfort, N. Y., *11; Herald Tribune*, 124, 125, 144; Hornell, 7, 32; und Langstreckenflüge, 82, 93, 113; R. Law und, *6–7*, 32–33; Selkirk, *110;* Staten Island. 23; *World*, 28. *Siehe auch* Long Island, N.Y.
Nichols, Ruth, 11, 55, 57, 59, *62*–63, 76; Flugzeug von, *63;* zitiert, 59, 62, 63
Nicholson, Mary, 143
Nielsen, Laurine, 149
Nieuport-Flugzeug, *45*
Noonan, Fred, *122*, *123*, 124–125, *126*, 127–129, 131, 132; zitiert, 124
North Carolina, Camp Davis, 151–152
Northrop Gamma (amerikanisches Flugzeug), 116
Noyes, Blanche, *54*, 55, 57, 110, 121

O

O'Brine, Forrest, 69
Odlum, Floyd B., 115–116
O'Donnell, Gladys, 55, 57
Ohio: Cleveland, 55, *56–57*, 100, 114, 116, 118, 133; Columbus, 57; Dayton, 152
Oliver, Charles, zitiert, 31, 32
Olmsted, Joan, 150
Olney, Molly, *103*
Omlie, Phoebe Fairgrave, 55; zitiert, 110
Ortskennzeichen, *110*
Oxford-Flugzeuge, 141

P

P-38, amerikanisches Flugzeug, 153
Paris, 15, 23, 47, 62, 64, 67, *89*, 90, 91
Pazifik, 84, *Karte* 124. *Siehe auch* Hawaii; Howland Island
Peary, Admiral Robert E., zitiert, 33
Peking. *Siehe* China
Percival-Flugzeuge: Gull, 87, *88*, 90; Vega Gull, *92–93*
Perry, Margaret, 57
Pilotinnen, amerikanische, *8*, *10*, *11*, 13–14, 18, 19, 22, 29, 33, 44, 45–46, 76, 90; auf Wandgemälde von Rhonie, *144–145;* und Zweiter Weltkrieg, 133, 135, 140, *142*, 154. *Siehe auch einzelne Pilotinnen;* Frauenrechte; Frauenwettfliegen; Women Airforce Service Pilots (WASP); Women's Auxiliary Ferrying Squadron (WAFS)
Pilotinnen, deutsche, 13, *19*, 28–29, 55, 59, 94–*95*, *96;* und Zweiter Weltkrieg, 135, 154. *Siehe auch einzelne Pilotinnen*
Pilotinnen, englische, 14, 18, 19, *20*, 29, 43, 44, 46, 90, 91, 93; Flugtag der, *102–107*. *Siehe auch* Air Transport Auxiliary (ATA); *einzelne Pilotinnen*
Pilotinnen, französische, 11, 13, 14, 15, *30*, 44, 63, 136; und Langstreckenflüge, 90–91. *Siehe auch einzelne Pilotinnen*

Pilotinnen, russische, 19, *20*, 33, *157–171*. *Siehe auch* Sowjetunion
Pinheiro Machado, Anesia, *20*
Polen, 81; Pilotinnen, *74*, 140
Polikarpow Po 2, russischer Bomber, 159, 160, *166–167*, *168–169*
Popowa, Nadja, *168*
Post, Wiley, 113
Preise (Orden/Trophäen), *14*, 16, 17, 22, 67, 83, 116, 118, 133; deutsche, 154, *156*; russische, 160, *168*, *170–171*. *Siehe auch* Bendix-Rennen; Flugveranstaltungen; Rekorde; Rennen
PT-19, amerikanisches Schulflugzeug, *143*, *146*, 147
Puerto Rico, 125; San Juan, *Karte* 124
Purdue University, 114, 118
Puss Moth. *Siehe* De-Havilland-Flugzeuge
Putnam, George Palmer, 46, 52, 64, 109, 111, *115*, 119, 125, 126; zitiert, 125

Q

Quimby, Harriet, *8*, 19, 22–28; Absturz von, 25, 28, *29*, 31; und Ärmelkanal, 23, *24*, *25*, *26–27*; Artikel von, 23; auf Wandgemälde von Rhonie, *144–145*; zitiert, 23, 24, 25

R

Raiche, Bessica, 22
Raketenflugzeuge: Me 163, 154–155; V 1, 155
Rangun. *Siehe* Burma
Rasche, Thea, 13, 55, 59, 94, *95*
Raskowa, Marina, 157, 159
Rawlinson, Mabel, 152
Reims, Laroches Absturz in, *16*, *17*
Reinhart, Peter, *72–73*
Reitsch, Hanna, 95–98, *99*, *100–101*; zitiert, 95, 96, 97, 100, 101, 154–155, 157; und Zweiter Weltkrieg, 135, 154–155, *156*, 157
Rekorde, 13–14, 20, 159; Dauer, 10, 11, 17, 28, 29, 31, 55, 56, 76, 90; Dauer mit Betankung in der Luft, *68–73*; Geschwindigkeit, 55, 56, 59, *61*, 62, 64, 67; Geschwindigkeit und Langstreckenflüge, 78, 80, 81, 83, 84, 89, 90, 91, 93, 111, 132–133; Höhe, 10, 14, 17, 28, 29, 32, 48, 56, 58, 62, 76, 133; im Segelflug, 96, 97–98; Strecke, *6–7*, 10, 13, 31, 32–33, 63; Strecke ohne Zwischenlandung, 113, 133. *Siehe auch* Preise; Rennen
Rennen: Deutschlandflug, *95*; MacRobertson-Rennen, 116. *Siehe auch* Bendix-Rennen; Frauenwettfliegen; Nationale Luftrennen; Rekorde
Republic P-47 Thunderbolt, 152, 153
Revue Aérienne (Französische Zeitschrift), 9
Rhonie, Aline, Wandgemälde von, 144–145; zitiert, 144
Rhön-Segelflug-Wettbewerbe, *99*, *100–101*
Richey, Helen, 13, 119; zitiert, 14
Riddle, Mary, *58*
Ridgeway, Violet, 15
Rjabowa, Katja, *168*
Rogers, Harry, 59
Rogers, Will, 55
Roosevelt, Eleanor, *83*, 110; zitiert, 135
Roosevelt, Franklin D., *83*
Royal Air Force (RAF), und ATA, *134–135*, 136, *138*, 139, 154

S

St. Raphael (Fokker-Eindecker), 43, 45
Sanitätsflugzeuge, *30*, *169*
Schachowskaja, Fürstin Eugenie Michailowna, 33
Schiller, Melitta, 135
Scott, Blanche Stuart, 18, 22; zitiert, 18, 28; auf Wandgemälde von Rhonie, *144–145*
Seafarer (De Havilland Dragon), *82*
46. Garde-Nachtbomberregiment (sowjetische Pilotinnen), 159, *160–171*
Seversky, Alexander P. de, 133
Seversky-Flugzeuge: AP-7, *132*, 133; Executive, 133; P-35, 133
Sharp, Evelyn, 146, 153
Sikorsky-Amphibienflugzeug *Dawn*, 45–46
Slade, Susan, Flugzeug von, *106–107*
Smith, Elinor, 13, 58; und Betankung in der Luft, *68–73*; zitiert, 10, 11
Smith, Ross und Keith, 84
Snook, Neta, *51*
Sorour, Jackie, zitiert, 140, 141
Sowjetunion: Lindberghs Ansichten über, 7; Luftwaffe der, 159; Pilotinnen der, und Zweiter Weltkrieg, 135, 136, 157, *158*, *160–171*
Spartan-Flugzeug, *104–105*
Spencer-Kavanaugh, Edith, 18
Sperber Junior, deutsches Segelflugzeug, *100–101*
Spicer, Dorothy, *104–105*
Stag Lane, Flugplatz (England), 76, 84, 85
Staggerwing. *Siehe* Beechcraft Model 17
Stinson, Katherine, 31, 33; Orienttournee von, *34–41*; zitiert, 13, 31, 35, 36
Stinson, Marjorie, 29, 31
Stinson Detroiter-Flugzeuge, 46; *American Girl*, 45, *47*, 55
Stirling, englischer Bomber, *134–135*
Stultz, Wilmer, 48, 52, *53*
Suchoj SU 2, 159
Südamerika, 44, 94, 97. *Siehe auch* Brasilien
Sunbeam (Flugzeug), 68–73
Sweetwater, Texas. *Siehe* Avenger, Flugplatz
Swerewa, Lidija, 19, *20*
Syrien, 97; Aleppo, 78, 94
Sywell, Flugplatz (England), Flugtag auf dem, *102–107*

T

Tempest-Flugzeuge, 140
Texas, Flugausbildung in, 29, 31, 147, 149–*150*, 151, *155*
Thaden, Louise, 13, 14, *54*, 55, *56–57*, 61, 110; und Bendix-Trophäe, 119, 120, *121*; zitiert, 11, 57, 109
Thible, Elisabeth, 9, 15
Thompson, Warner K., 127
Tiger Moth (Schulflugzeug). *Siehe* De-Havilland-Flugzeuge
Todd, Lillian, *12*
Tokio. *Siehe* Japan
Travel-Air-Flugzeuge, *56–57*, 115
Trout, Evelyn „Bobbi“, *54*, 55, 57; und Betankung in der Luft, *68–73*; zitiert, 11
Tu, Ruthy, *21*
Türkei, 77–78; erste Militärpilotin der, 136, *137*; Istanbul, 77, 94

U

Uhse, Beate, 154
Ulm, Charles, 84
Unfälle, 14, *16*, *17*, 22, 28, *29*, 43, *46*, 59, 62, *63*–64, 91, 116, 122; und Langstreckenflüge, 78, 80, *82*, *83*, *92–93*, 94, *97*; und Segelflugzeuge, 98; und Zweiter Weltkrieg, 136, 138, 140, 141, 153, 155, 159
Uniformen. *Siehe* Bekleidung
U.S. Aeronautical Society, 22; Flugveranstaltungen, *12*
US-Armee, 32, 33
US-Heeresfliegerkorps, 133
US-Heeresluftstreitkräfte, 10, 33, 124, 135; Heeresluftstützpunkt, New Castle, 143, 144, 146, 151; Lufttransportkommando, 144, 147, 153. *Siehe auch* Arnold, General Henry, H. „Hap“; Versorgungsansprüche; Women Airforce Service Pilots (WASP); Women's Auxiliary Ferrying Squadron (WAFS); Women's Flying Training Detachment
US-Bundesamt für den Luftverkehr, 110, 144
US-Küstenwache, 122, 123–124. *Siehe auch Itasca*

V

V 1, 155
Versailler Vertrag, 94, 99
Versorgungsansprüche, 144, 146, 150–151, 153–154
Voisin, Charles, 15, 16
Voisin-Flugzeuge, 15, *16*

W

Wakefield, Lord, 77
Walker, Vera, *54*
Washburn, Henry Bradford, jr., 119, 122; zitiert, 122
Washington Nationalflughafen, *148*
Weltkrieg, Erster, 29, 33, 43, 133, 137; A. Earhart und, 47, *50*; Flugblatt für Kriegsanleihe, *32*; Sanitätsflugzeug für, *30*
Weltkrieg, Zweiter, 10, 91, 135–159; deutsche Pilotinnen im, 135, 154, *156*; russische Pilotinnen im, *158*, *160–171*. *Siehe auch* Air Transport Auxiliary (ATA); Cochran, Jacqueline, und Zweiter Weltkrieg; Flugausbildung, und Zweiter Weltkrieg; Women Airforce Service Pilots (WASP); Women's Auxiliary Ferrying Squadron (WAFS)
Werber, Peggy, 150
Werbung (Anzeigen), *60–61*, 64–65
White, William Allen, zitiert, 54
Whittier, Paul, *72–73*
Willard, Charles, 25
Willard, William A. P., 25
Willis, Patty, *54*
Wise, Louisa, zitiert, 13
Women Airforce Service Pilots (WASP), *150*, *151*–152, *153*, 154, *155*, 159
Women's Auxiliary Ferrying Squadron (WAFS), *143*–144, 146, 147, 151
Women's National Aeronautical Association, 132
Wood, Ann, 154; zitiert, 143
Wood, Winifred, zitiert, 152
Wright, Gebrüder, 15, 144
Wright, Wilbur, *14*, 15, 144

Z

Zivile Luftfahrtbehörde, 149

Reprosatz: Alfred Utesch GmbH, Hamburg
Druck: Novograph, S. A., Madrid, Spanien
Depósito Legal: M-6366-XXV